小到无穷小

给孩子讲微观世界

郑永春 寒木钓萌◎著
邓跃◎绘

童趣出版有限公司编　　人民邮电出版社出版
北　京

图书在版编目（CIP）数据

小到无穷小：给孩子讲微观世界 / 郑永春，寒木钓萌著；邓跃绘；童趣出版有限公司编. -- 北京：人民邮电出版社，2024. 8. -- ISBN 978-7-115-64647-7

Ⅰ. Q1-49

中国国家版本馆 CIP 数据核字第 202412LK00 号

著　　　：郑永春　寒木钓萌
绘　　　：邓　跃
责任编辑：刘佳娣
责任印制：李晓敏
封面设计：穆　易
排版制作：北京胜杰文化发展有限公司

编　　　：童趣出版有限公司
出　　版：人民邮电出版社
地　　址：北京市丰台区成寿寺路 11 号邮电出版大厦（100164）
网　　址：www.childrenfun.com.cn

读者热线：010-81054177　　　经销电话：010-81054120

印　　刷：雅迪云印（天津）科技有限公司
开　　本：710×1000　1/16
印　　张：13.5
字　　数：240 千字

版　　次：2024 年 8 月第 1 版　　2025 年 2 月第 2 次印刷
书　　号：ISBN 978-7-115-64647-7
定　　价：58.00 元

致小读者
小到无穷小，大到无穷大

很高兴，由我和寒木钓萌老师合作撰写的这两本书跟大家见面了。在前言里，我们想跟大家聊 3 个问题。

第一个问题：我们为什么要写这两本书？

因为兴趣和梦想。

如果以人为中心，尺度逐渐变小，最终会到达无穷小；尺度逐渐变大，最终又会涉及无穷大。那么——

在尺度逐渐变小的世界里，都有哪些事物和神奇之处？

在尺度逐渐变大的世界里，又有哪些事物和神奇之处？

若把我们的思绪比作一根无形的触须，那么当触须的两端分别向着两个极端方向蔓延前进、一路探索时，最终我们的思绪将抵达无穷小和无穷大。

这是一个认识世界的过程，更是一次奇妙的旅程。

以这种方式讲述世界是我们的兴趣，而如果你能在对这两个极端方向的讲述中获得一些真知灼见，则是我们的梦想。

第二个问题：这两本书写了什么？

虽然这两本书涉及的内容上天入海，包罗万象，但其背后只有一个词：尺度。

大到无穷大，这是宏观的尺度；小到无穷小，这是微观的尺度。

为了认识宏观世界，人类发明了望远镜；为了探察微观世界，人类发明了显微镜。这两大工具的诞生以及其后的不断改进，使人类掌握了认识自然的利器，革命性地扩大了人类的视野和知识库。

在望远镜发明之前，人们只能认识与自己的生活经验相匹配的尺度。比如一个人的身高、一把尺子的长度、一座建筑物的高度等。而现在，人们已经能够认识整个宇宙的大小，包括地球的直径、赤道的周长、从地球到月球的距离，以及太阳系的大小、银河系的大小等。

在显微镜发明之前，人们并不知道除动植物之外，还有其他生物，因为人眼能分辨的最小物体的尺寸大约是 0.1 毫米。显微镜发明后，人们看到了一个前所未见的丰富世界。其中，微生物的数量，不仅比全世界动植物的数量多得多，也比宇宙中星辰的数量还要多。

这两本书，就是希望以层层递进的方式告诉你：越来越大的世界里究竟有什么，以及越来越小的世界里究竟有什么。

第三个问题：你从这两本书中能得到什么？

得到跨学科的学习方式和思维方式，提高核心素养。

2022年4月，教育部印发了《义务教育科学课程标准（2022年版）》，以下简称"新课标"。新课标突出了"跨学科"和"核心素养"两个关键词，这也是未来教育改革的重点方向。

新课标共设置了13个学科核心概念，分别涉及物质科学、生命科学、地球与宇宙科学、技术与工程等学科领域。这13个学科核心概念，在不同年级体现为不同的内容。通过学习这些学科核心概念，学生可以理解数学、物理、化学、地理、生物等学科的核心思想。

除了这些学科核心概念外，新课标首次提出了4个跨学科概念，它们分别是物质与能量、结构与功能、系统与模型、稳定与变化。如果说学科是一栋大楼，学科核心概念是支撑这栋大楼的柱子，跨学科概念就是联系不同学科的桥梁，是学习每个学科都需要掌握的共通概念。有了跨学科概念，科学才能成为一个整体，而不只是一个独立的学科。这对于帮助学生建立对科学的整体认知、推动科学教育非常重要。

怎样才能学好跨学科内容，培养自己的核心素养？对此，我们有两个观点。观点之一，凡是真实情境下的探索，都是跨学科的。因为在生活和工作中，你几乎不会遇到纯粹的物理问题、化学问题或生物问题，遇到的基本都是跨学科问题。观点之二，跨学科不是多个学科组成的"草台班子"，更不是一个拼盘，而是围绕一个具体的科学问题，采用不同学科的实验方法和理论工具，解决这个问题。在此过程中，不同学科的思想、实验方法和理论工具，都变成了解决科学问题的手段。因此，核心素养不是看不见、摸不着的空中楼阁，而是有具体依托的、可落地的科学探究，重过程，轻结果。

我们在课堂上学到的一个个知识点，如果不能相互联系起来，形成一张张知识网络，长成一棵棵知识树，这些知识点很快就会被遗忘，我们也无法形成真正的核心素养。随着新课标的发布，对知识和技能的学习，将在一定程度上让位于以提高核心素养为目的的学习。不能提高核心素养的学习，往往是无效的学习，这就要求我们对学习方式作出改变。

立足新课标，开展跨学科阅读，是未来10年学校和家庭教育的必然趋势。

我们相信，这两本书在你心中播下的种子会成长为参天大树，树上会结满迷人的智慧之果。

郑永春

中国科学院国家天文台研究员

寒木钓萌

科普作家

2024 年 6 月 1 日

目录

1 无穷小游戏

2 游戏开始

3 生命的"积木"——细胞

1

无穷小游戏

高效的学习方式

有一个有趣的问题，大家不妨来思考一下：

你能不能用 1 个"为什么"去代替 6 个"为什么"？

假如能，那你对这个世界的认知速度就会提升很多倍。原因是，原本你需要层层递进，逐步去思考那 6 个"为什么"，但现在你只需要思考 1 个"为什么"就可以了。

我们不妨举一个生活中的例子，来试试用这种高效的学习方式去探索世界。

冬天，你伸手分别摸一下家里的铁柜子和木箱子，会感觉铁柜子要冰凉得多。于是，问题来了。

1 摸铁柜子和木箱子时，感觉铁柜子要冰凉得多，这是不是因为铁的温度本来就比木头更低？

不是，因为铁柜子和木箱子常年都在家里，反映的是家里的温度，所以它们俩的温度始终一样。

2 既然两者的温度始终一样，那为什么摸铁柜子时感觉更冰凉？

这是因为铁的导热能力比木头强得多，所以铁摸上去更冰凉。

3 那为什么铁的导热能力强，它摸上去就会更冰凉？

导热能力强意味着铁能更快地把你手上的热量传导到铁里面去，从而让你失去更多热量，因此你感觉铁更冰凉。

4 铁和木头都是物质，为什么铁的导热能力会比木头强？

铁是一种金属，金属里面有大量的自由电子，而木头里面的自由电子相对较少，这让金属的导热能力强于木头。

5 为什么自由电子的多与少，会让两种物质的导热能力有这么大的差别？

自由电子，顾名思义，它们是自由的，不会固守一地，而是会到处乱窜。温度越高，自由电子窜得越快。由于大量的自由电子在金属里面到处乱窜，所以金属更容易把热量从这一头传递到另一头。

温度越高，自由电子窜得越快

6 电子是什么？地球上的任何物质都是由电子组成的吗？

电子是一种微观粒子。地球上的任何物质都是由原子组成的，而电子只是原子的一部分。

终极问题来了

你发现了吗？在日常生活中，对于我们遇到的绝大多数问题，若刨根问底，很多解释都将触及微观世界，直达诸如分子、原子、电子等这样的粒子。

既然很多解释都与粒子有关，那我们何不直接进入微观世界一探究竟呢？

如此一来，前面的 6 个"为什么"都可以不要了，因为太麻烦，效率太低。你只要知道微观世界里面的 1 个"为什么"即可。

这样可以吗？答案是可以的！

别怀疑，这可不仅仅是我的观点，连超级有趣的诺贝尔物理学奖获得者理查德·费曼也是这么认为的。

费曼

费曼是第一位提出纳米概念的人。

有一次费曼说："假如由于某种大灾难，所有的科学知识都丢失了，只有一句话传给下一代，那么怎样用最少的词汇表达最多的信息呢？我相信这句话就是：所有的物体都是由原子构成的！"

原子到底是什么呢？如果万物都是由原子构成的，那么原子必然很小很小。其实，原子是微观世界的一种粒子，是化学反应中不能再分的最小微粒。

微观世界的那些粒子非常重要。科学家正是通过探索微观世界的各种粒子，才发现了电，才有了现在的计算机……

在某种程度上，现代科学之所以起步，正是因为科学家从细微处开始研究。

既然这些神奇而有趣的粒子如此重要，既然它们是"十万个为什么"的终极答案，那我们何不直接进入无穷小世界，去追寻那个终极"为什么"，这样岂不是更高效？

是的，这确实更高效！因为自始至终，我们想要了解的就是万物的本质，而非本质之外那些盘根错节的解释。

于是，终极问题来了：

怎样才能进入那神秘的无穷小世界？

难道是把自己压缩成一粒沙子，再压缩成一个病毒……之后再进入？

显然不是。

那用玩游戏的方式进入，可以吗？

当然可以！

无穷小游戏准备

无穷小游戏不难，只要你能一直玩到最后，你必然会发现一个事实：

你赢了！

这个游戏是这样的，它要求玩家在游览世界时将身体一次又一次缩小，然后不断逼近无穷小，去见识那神秘的无穷小世界。

你可以想象，自己的身体先缩小到鸡蛋大小，接着缩小到蚂蚁大小，再缩小到跳蚤大小，之后缩小到细菌大小，然后缩小到病毒大小……

那游戏何时才算结束呢？

其实，这就像唐僧师徒四人到西天取经一样，当他们取得真经并返回长安时，"西游记"这个"游戏"就结束了。

同理，无穷小游戏也是这样的。我们将跟随游戏不断缩小身体，并沿途取得大量"真经"，直到最后，当我们的身体不能再缩小时，无穷小游戏就结束了，同时这也意味着你赢了。

请记住这 3 个重要问题

明白了游戏规则，你可能会说，那就刺激一点儿，先缩小到人体的一百亿分之一大小吧。

别急别急，你这样冲动是很容易迷路的。我们得一步步来，心急吃不了热豆腐。

要避免迷路，除了一步一个脚印缩小之外，你得记住以下3个问题。

此刻，我到底缩小到何种程度了？

现在，我旅行到哪里了？

此处的风光如何？

这3个问题很重要，你一旦忘记，一路上糊里糊涂，游戏就一定会失败，也会很无趣。

下面举个例子来说明。

想象一下，未来有一天，人类发明了一种超级坚硬、超级先进的材料，并用这种材料制造了一台挖掘机。

挖掘机能带着你不断深入地下 100 米、1000 米、10000 米……最终到达地心，并带着你返回，或者直接穿过地心，从地球的另一端冒出来。

现在，你坐在这台挖掘机里开启了地心之旅。挖掘机刚开始挖地，并深入地下半米时，你还是很有空间感的。

当挖掘机深入地下 2 米时，你依然还是有空间感的，因为驾驶舱多半还在地面上，你依然万众瞩目，围观的人群依然能看到你的笑脸，他们不断向你招手，祝福你。

但当挖掘机深入地下500米时，你还能准确知道自己的位置吗？你还有空间感吗？

没有了。对你来说，你唯一能感受到的就是挖掘机的轰鸣，以及无尽的黑暗。

所以，在进行地心之旅时，在这台挖掘机上安装一台仪器——它能时刻显示你所在的深度，这太有必要、太重要了。

否则，即使你已经抵达地心了，你也不知道。甚至你还会迷路，陷在地球内部转圈，永远出不来

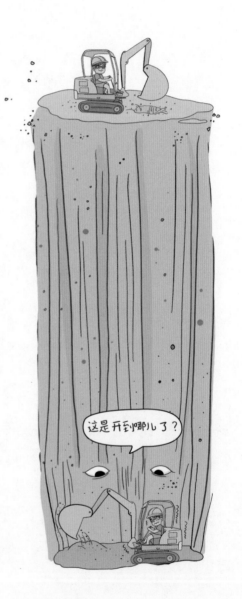

这是开到哪儿了？

了。要知道，从地面到地心足足有 6000 多千米的路程呢。

无穷小游戏实际上也是一次让我们不断缩小，继而逼近无穷小的旅程，它跟地心之旅类似，所以我们得有一把类似的显示深度或大小的标尺。如果没有标尺，我们的这次旅程将是一团乱麻。

这把标尺是什么呢？思来想去，"长度"可能是最合适的了。

说起长度，那就必然要说到长度单位，比如千米、米、分米、厘米、毫米、微米……

以上这些长度单位中，哪一个才是最重要的？或者说，哪一个才是人类定义的，而其他都是根据它衍生出来的？

答案稍后揭晓。

小知识

你知道吗？中国很快将拥有世界陆上垂直深度排名第二的钻井。2023 年 5 月 30 日，中国首口超万米深井"深地塔科 1 井"在塔克拉玛干沙漠腹地开钻，其设计钻探深度约 11100 米，预计耗时 457 天。

"米"的前世今生

除了"米"之外，我们每个人在一生中可能会见识到十几个，甚至二十几个其他的长度单位。其实这些长度单位都是根据"米"衍生出来的。比如：

把 1 米平均分成 10 段，每一段就是 1 分米；

把 1 米平均分成 100 段，每一段就是 1 厘米；

……

把 1 米平均分成 1000000 段，每一段就是 1 微米；

把 1 米平均分成 1000000000 段，每一段就是 1 纳米；

……

如果我们对"米"的定义不准确，其他的长

度单位都会受到影响。若是这样，这个世界必然会乱套，甚至无法运转：高铁不能运行，火箭不能上天……

那我们又是怎样定义"米"的呢？

第一次定义"米"

"米"的定义起源于法国。18 世纪末期，法国科学院商议出一个固定长度，并把这个长度定为"1 米"。

这个固定长度，笼统地说，就是从地球赤道到北极点的距离的一千万分之一。

得出"米"的定义后，为方便各国获取"米"的长度，1799年法国用金属铂制作了一个仪器，它就是最早的"国际米原器"，长度为 1 米，现在存放于法国国家档案馆。

"米"的终极定义

后来，科学家发现这个定义不够精确。1983年，各国的计量学专家们坐到一起召开国际计量大会。这次大会最主要的成果是把 1 米的长度严格定义为：在真空中，光在 1/299792458 秒内行进的距离。

也就是说，把 1 秒平均分成 299792458 段（大约是 3 亿段）时间，在每段时间里，光在真空中行进的距离就是 1 米。

这里还有一个大家以后会频繁遇到的问题——光速到底是多少？

此时，我们可以这么回答："光 1 秒大约要行进 3 亿米，这就是光速。"

如果说，以前对"米"的定义是放之四海而

互动环节

未来某一天，你乘坐飞船飞出太阳系，并在银河系中遨游时，有幸遇到了一位外星人。外星人问你："你所在的星球有多大？"你会怎么回答呢？

皆准的，那么现在我们就可以拍着胸脯说："人类目前对'米'的定义是放之宇宙而皆准的！"

为了加深大家对"米"的认知，从而在无穷小游戏中获得更多的快乐，这里我们举一些相关的例子。

世界纪录	纪录持有者	数据
最高峰	珠穆朗玛峰	8848.86 米
最高建筑	哈利法塔	828 米
最高的人	罗伯特·潘兴·瓦德罗	2.72 米

上面都是一些世界纪录，下面再说一些大家都熟悉的例子。

通常，你家门上的把手距离地面的高度大约是 1 米；城市中每家入户门的宽度也是 1 米左右。

你应该坐过火车吧？铁路轨道两条钢轨内侧之间的距离，就叫轨距。目前中国使用的是国际上通用的标准轨距，为 1.435 米。但中国早期修建的滇越铁路、滇缅铁路的轨距却比标准轨距窄，约为 1 米，因此这类铁路也叫米轨铁路。

根据世界卫生组织的数据，全球男性的平均身高约为 1.7

米，女性的平均身高约为 1.6 米。在中国，小学 4~5 年级的孩子的身高通常在 1.3~1.6 米。当然，禀赋不同寻常的除外。

拓展阅读

同学们见过很多单位，比如在质量上有克、千克、吨等，在时间上有秒、分、时、天等，在长度上有毫米、厘米、米、千米等。

然而这么多单位，谁才是最重要的呢？或者说谁是最基本的呢？答案就是国际单位制基本单位。

在质量上，千克是基本单位；在时间上，秒是基本单位；在长度上，米是基本单位。

可用一生的工具

要想体会无穷小游戏的精妙之处，除了需要对"米"这个尺度有深刻的体会外，我们还需要掌握一个工具。

什么工具呢？它就是科学记数法。

把一个数表示成 a 与 10 的 n 次幂相乘的形式（ $1 \leqslant |a| < 10$ ， a 不为分数形式， n 为整数），这种记数法叫作科学记数法。

这种记数法不仅容易掌握，而且特别有用，尤其是在遇到数字非常大，或者数字很小但位数很长的情况，发挥的作用更显著。可以说，我们这一生都会频繁用到它。

我们用 2、20、200 等几个数字来展示一下这种记数法。

用十进制表示	用科学记数法表示
2	2×10^0
20	2×10^1
200	2×10^2
2000	2×10^3
20000	2×10^4
200000	2×10^5

你看，科学记数法特别简单：上面表格中的 10^0，其实等于 1，而 10^1 等于 10，10^2 等于 100……以此类推，右上角的数字是"几"，就表示 2 后面跟几个 0。

现在，你还是个学生，生活中很少遇到很大的数字。你的零花钱的全额、你家房子的面积、你的学习用品的数量，这些数字都不大。但如果你每天都会遇到一些很大的数字，需要对其进行计算时，科学记数法就能大大节省你的计算时间，成为你提高计算效率的法宝。

想象一下，长大后你成了地球物理专业的一名博士研究生。在一篇事关你能否取得博士学位的极其重要的论文里，你共有 37 次提到了地球的质量。

地球的质量是多少呢？大约是：

59742000000000000000000000000 克

取整后，你四舍五入，暂时把地球的质量看成是：

6000000000000000000000000000 克

6 后面跟着 27 个 0，由于你在论文里 37 次提到地球的质量，想想看，你的论文里至少有多少个 0？ 999 个。

一个圆圈又一个圆圈！你的导师都要被你气疯了，这论文根本就没法儿看，简直是在凑字数、糊弄人，谁看谁生气。

如果你使用科学记数法，数字就会简单明了多了。比如，地球的质量可以表示成这样：

$$6 \times 10^{27} \text{克}$$

这就是科学记数法的优势，它能大大简化很大或很小的数字的书写。数学家擅长把复杂的事情简单化。在数学家的眼里，世间万物皆可以用数字来表示，这就是数学家的智慧。

我们再来看一个例子。20 年后，你成了一位受人尊敬的专门研究太阳的天体物理学家，你的论文需要经常提到太阳的质量。而太阳的质量约是 2000 亿亿亿吨，换算成千克的话，就是 200 万亿亿亿千克，相当于 2 的后面跟着 30 个 0：

$$2000000000000000000000000000000 \text{ 千克}$$

想象一下，你在台上做学术报告，每次说出太阳的质量时，满口都是 0000000……

零零零……这是上课了吗？太像铃声了！

而使用科学记数法，数字就很简单明了：

$$2 \times 10^{30} \text{ 千克}$$

数字加 0 还是等于该数字

0 是偶数

数字乘以 0
等于 0

0 是一个整数，也是一个有理数

好不好用，一试便知

在无穷小游戏中，假如玩家的身高是 1 米，当需要他缩小到自身的十分之一时，我们该怎么表示他的身高呢？

把 1 米等分成 10 份，1 份用小数表示就是 0.1 米。一个身高 1 米的人，缩小到自身的十分之一时，其身高就是 0.1 米。

那么当他缩小到自身的百分之一时，其身高就是 0.01 米；

缩小到自身的千分之一时，其身高就是 0.001 米；

缩小到自身的万分之一时，其身高就是 0.0001 米；

……

此时，你觉得还是挺清晰的，对不对？因为我们的无穷小游戏要直达无穷小，所以他将接着缩小：

缩小到自身的一亿分之一时，其身高写成0.00000001米；

缩小到自身的十亿分之一时，其身高写成0.000000001米；

缩小到自身的一百亿分之一时，其身高写成0.0000000001米；

……

后续的无穷小游戏中无论出现多么长的数字，我们都可以用科学记数法简单明了地表示。实际上，科学记数法可以表示出任何你想要的无穷大数字，也可以表示出任何你想要的无穷小数字。举例如下：

互动环节

为什么十进制在人类世界被广泛应用？是不是因为人类有10根手指？

请同学们想一想，若存在一种外星文明，那里的外星人都有8根手指，那么，八进制会在那里被广泛应用吗？

用十进制表示	用科学记数法表示	
……	……	趋向无穷大
10000 米	1×10^4 米	
1000 米	1×10^3 米	
100 米	1×10^2 米	
10 米	1×10^1 米	
1 米	1×10^0 米	人体尺度
0.1 米	1×10^{-1} 米	
0.01 米	1×10^{-2} 米	
0.001 米	1×10^{-3} 米	
0.0001 米	1×10^{-4} 米	
0.00001 米	1×10^{-5} 米	
……	……	趋向无穷小

2

游戏开始

10^{-1} 米，游戏第一步

即使你没说，我们也知道你在想什么。

你现在想的是：刚才只缩小到自身的十分之一，我们干脆一下子缩小到自身的一百亿分之一吧，要玩就玩最刺激的！

显然，我们是不会这么做的。就像唐僧师徒四人到西天取经，如果他们以光速飞到西天，取到真经后又以光速返回。

你想想，这样的"西游记"还有什么意思？

所以，游戏第一步，我们先缩小到 1 米的十分之一，也就是 0.1 米，或者也可以表示成：

$$10^{-1} 米$$

如果用分米表示就是 1 分米！

如果用厘米表示就是 10 厘米！

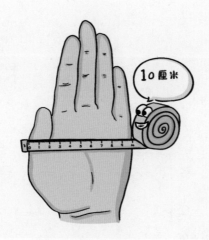

你爸爸手掌的宽度大约是 10 厘米。

这个尺度你很熟悉了，我们不过多停留，继续缩小！

10^{-2} 米，当人类缩小到蚂蚁大小时

注意，现在你的身体又缩小了，来到了蚂蚁的世界。

这是 10^{-2} 米的世界，也就是 0.01 米或者 1 厘米的世界。来到这个世界后，我们会面临一个有趣的问题：

如果我们一起缩小到蚂蚁大小，但智商、寿命等都不变，那么人类还能继续统治地球吗？

要回答这个问题，首先我们得确定一下，10^{-2} 米，也就是 1 厘米这个尺度到底有多长？

这不难，你在日常生活中就能看到很多 1 厘米尺度的东西。比如：

你的拇指指甲盖的宽度大约就是 1 厘米。

欢迎来到 10^{-2} 米——蚂蚁的世界

动物界的"大力士"——蚂蚁，由于种类不同，身材也不同。就你经常在校园里看到的蚂蚁而言，它们身体的长度多在0.75~1.5厘米。当然，还有更长的蚂蚁，其长度可达5厘米，甚至6厘米。

回到前面那个问题，它的答案是能！甚至，如果人体缩小到蚂蚁大小，人类的日子将因此变得更滋润，更富足，更潇洒！

人类缩小到蚂蚁大小后的生活

可能你并不同意上面的说法，但请你先听我往下说。

众所周知，生活在地球上，人类一个非常大的需求就是填饱肚子。虽然现在人们的生活水平比以前提高了很多，但是地球上还有很多贫穷的国家和地区，那里的很多人每天还在为怎么吃饱饭而发愁。如果人类集体缩小到 1 厘米大小，这么小的身体就能节约大量的粮食。

当人类缩小到蚂蚁大小时，食物几乎就可以用取之不尽、用之不竭来形容了。

想想也正常，蚂蚁在生活中需要养猪吗？你啃完的酱猪蹄上残留的那些肉粒，就够它们吃一星期了，所以蚂蚁也不需要种粮食。

不养猪、不种粮食，但蚂蚁已经在地球上生活了超过 1 亿年。所以，人类集体缩小后，就可以不用做现在的很多工作了，比如：不必再种田、种菜，采采野果就够吃了；不必再开各种化工厂，不生产各种化肥，雾霾自然也就减少甚至没有了。这样的话，人类可以节省出大量的时间，把节省出来的时间用在消费和娱乐上。

当人类集体缩小以后，住房也就不是问题了。想想看，你现在的家能住下多少个蚂蚁大小的人？很多很多，数也数不清，对吧？

想象一下，人类缩小到蚂蚁大小时，还需要汽车吗？可能也就不需要了。世界突然变得那么大，人类的出行可能会更需要飞机。天空那么高，人类可以规划很多条航路，建设全方位的立体交通系统。

说完了吃、住和行，再来说一下科学研究。

毫无疑问，变小了的人类不再需要耗费大量的时间和金钱在房子、食物、车等物质上，因此人类可以把更多的资源投入科学研究。结果可能就是，人类提前几千年冲出太阳系。

别认为这不可能，我们来说一件事。

2020 年 12 月，嫦娥五号飞到了月球上，取到 1731 克月球土壤后，顺利返回地球。你想想，如果航天员缩小到蚂蚁大小后的体重只有 1 克，那么嫦娥五号在这次任务中带 10 名航天员上天是不是就是很容易的事？10 名航天员重 10 克，哪怕再加上 490 克的给养才 500 克，也就是一斤。如果是这样，我们就可以说："2020 年，中国首次实现了载人登月！"

你看，仅仅通过把人类缩小，人类探索太空的步伐就可以大大加快。

此外，当人类集体缩小以后，人与人之间的空间将极大地扩张，产生利益冲突的机会将大大变少，广阔的缓冲地带使人类社会变得更和平。

因为从古至今，人与人、国与国之间交战，大都是为了争夺各种资源，比如土地资源、水资源、能源等。可现在，这些资源都已经变得取之不尽，那发动战争又有什么必要呢？

综上所述，如果人类集体缩小到蚂蚁大小，并且智商、寿命等都不变，那么人类还能继续统治地球，而且可能会生活得更好。

拓展阅读

地球上蚂蚁的数量大概是多少？2022年，发表于《美国国家科学院院刊》的一篇论文介绍，已知的蚂蚁种类和亚种约有15700种，地球上大约有2亿亿只蚂蚁。如果按照1只蚂蚁0.5厘米长计算，那么这些蚂蚁头尾连接起来的长度约为1000亿千米，而地球距离太阳也才约1.5亿千米。

10^{-3} 米，和跳蚤比赛

无穷小游戏的进度条继续更新。接下来，我们将向更小的尺度进军，它就是：

$$10^{-3} \text{ 米}$$

这个尺度你其实也很熟悉，因为它就是 1 毫米。

无论是家里量身高用的卷尺，还是你上学用的直尺、三角尺，它们的最小刻度就是 1 毫米。

我们常用的木铅笔的笔芯直径，也就是笔芯的宽度，大多在 2 毫米左右。而一颗黄豆的直径约为 10 毫米。

知道了 1 毫米有多长后，接下来，我们看看这个尺度下的小动物。

　　长度在 1 毫米左右的小动物大多是一些小昆虫。比如臭名昭著的跳蚤，它们的体长通常为 1~3 毫米。

跳蚤的 "秘密武器"

　　跳蚤最让人惊奇的地方，就是它实在太能跳了。你知道吗？跳蚤一小时居然可以跳 600 次，每分钟跳 10 次，并且能够连续不断地跳 78 小时。科学家还特意观察过一种鼠蚤，它竟然可以一口气连跳 3 万次。如果让它去参加跳绳大赛，冠军非它莫属了。

　　跳蚤还有一项让人震惊的能力，它每次跳跃的距离竟然是自身长度的 100~200 倍！

假设你具备跳蚤那样的跳跃能力，那么你能跳过的高度可能比埃菲尔铁塔还要高，因为埃菲尔铁塔的高度也不过只有 330 米。假如跳蚤是一个人，那么毫无疑问，他将是一个超人。

为什么跳蚤这么能跳，而蚂蚁就不行呢？

因为跳蚤有一种"秘密武器"。根据研究，如果光靠跳蚤后腿发达的肌肉，它是不可能这么能跳的。跳蚤的后腿肌肉顶多只能产生跳跃时所需能量的一小部分，其他能量来自一种叫作节肢弹性蛋白的物质。

节肢弹性蛋白是一种像橡皮筋一样富有弹性的物质。那些会飞的昆虫的身体里面也有节肢弹性蛋白。正是这个原因，科学家推断，跳蚤这种昆虫，它的祖先大概率也是会飞的，但经过几百万年的进化，它们的翅膀逐渐退化和消失了。

现在，你终于明白跳蚤为什么那么能跳了吧。

在 1 毫米这个尺度下，类似跳蚤这样的小昆虫还有许许多多，甚至很多种都是我们闻所未闻的。

我叫柄翅卵蜂！

其中最小的昆虫叫作柄翅卵蜂。它们是一种黄蜂。它们的长度都不超过 0.25 毫米。如果你仔细观察柄翅卵蜂的翅膀，就会发现其翅膀的边缘还有一些类似毛发状的物质。

人们曾经发现过一只体形娇小的柄翅卵蜂，它的长度只有 0.21 毫米。如此娇小的柄翅卵蜂，别说它飞行的时候我们很难看到它，就是它停在一片树叶上时，我们凑上去也不一定能发现它。

10^{-4} 米，人类肉眼能识别的最小尺寸

无穷小游戏进行到这里，我们就会遇到一个有趣的问题：

人类肉眼能看到的最小尺寸到底是多少？

我们每个人都能看到自己的头发，而每个人头发的粗细是不同的，有的粗，有的细。据统计，人类头发的直径，大多在 0.017~0.18 毫米。

虽然你能看到一根直径只有 0.017 毫米的头发，但其实你看到的是头发的长度，比如 10 厘米长，或者 20 厘米长。也就是说，你能看到它是因为它很长。当你把头发剪到只有 0.017 毫米长的一段时，你还能看到它吗？

　　因此，当我们在追寻一个问题的答案时，我们只能先明确前提条件，然后在前提条件相同的情况下进行比较，才能得到一个大致的答案。

　　实验表明，人类肉眼能识别的最小尺寸是 0.1 毫米左右。

　　在实际中，这取决于参加这个实验的人员的视力。如果实验人员视力超好，也许他能识别出直径比 0.1 毫米更小一点儿的物体。但如果是普普通通的绝大多数人，则只能识别出直径约为 0.1 毫米的物体。此外，环境的光线、观察的距离等因素都会影响我们的这个分辨极限。因此，有些时候我们中的一部分人无法识别出直径为 0.1 毫米的物体。

　　而 0.1 毫米用科学记数法表示，其实就是：

$$10^{-4} \text{ 米}$$

好了，你已经来到了 10^{-4} 米的世界。

　　这是一个介于人类肉眼可见与不可见的微小世界。

　　后面，当无穷小游戏继续推进时，接下来的世界将不再是我们肉眼可见的，那是一个个陌生的世界，更是一个个神奇的世界。

　　此刻，我们有必要引入一个新的长度单位。你现在很少用到它，但如果你长大后成为某一方面的专家，就会经常用到它了，这个长度单位就是微米。

它与米的换算关系是这样的：

1 米 =10 分米 =100 厘米 =1000 毫米 =1000000 微米

也就是说：

1 毫米 =1000 微米

前面我们说了，人类肉眼能识别的最小尺寸约为 0.1 毫米。这时，你可以换一种表达方式：人类肉眼能看到的最小尺寸，是 100 微米左右。

在微米世界，肉眼能看到什么？

微米大小的小动物，我们的肉眼很难看见，所以它们常常是人们所不熟悉的。只有一种小动物例外，这就是螨虫。

螨虫长着 8 只脚，它跟蜘蛛同属于蛛形纲。可以肯定地说，每家每户的房间里，尤其是床上，都有螨虫，而且有很多很多，多到数以万计。

螨虫的体长一般在 0.1~0.5 毫米，也就是 100~500 微米，它们的身体大多是半透明的，这使得你很难看见它们。因此，可以这样说，螨虫的世界对人类来说就是一个隐形的动物世界。

假如把你的床看作一片广袤无垠的大草原，那么生活在这片大草原中的小动物主要就是螨虫。

　　想到自己的床上有着无数的螨虫，你是不是身上已经起了鸡皮疙瘩？庆幸的是，你长这么大，却从未正儿八经地看过它们一眼。

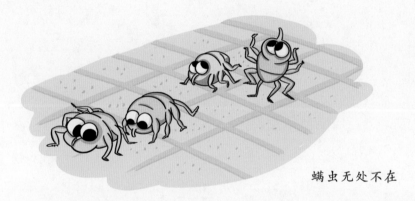

螨虫无处不在

　　除了极少数对螨虫过敏的人，绝大多数人完全察觉不到螨虫的存在。所以你用不着害怕螨虫，甚至可以把它们当成你的贴身"清洁工"。此话又怎讲？

　　原来每个人身上的皮肤细胞每 2~4 周会更新一次，每天都会有很多凋亡的皮肤细胞掉下来，落在床上、衣服上。而螨虫最喜欢的食物，就是人身上掉下的那些皮肤细胞。

　　既然螨虫这么小，那人们又是怎么发现它们的呢？我们接下来要介绍的，就是让你能看到螨虫的工具。

放大镜

当无穷小游戏进行到 10^{-4} 米，也就是 0.1 毫米，又或者是 100 微米的尺度时，我们已经进入了一个介于人类肉眼可见与不可见范围的恍惚世界。

此时，你可能会恍惚，不过一定要保持头脑清醒！要想清楚地看到这个尺度的世界，看到螨虫，其实并不难，方法就是使用放大镜。

放大镜的原理不难理解。图中的蓝色椭圆区域就代表放大镜，位于放大镜左边的小"e"，代表真实的物体，位于放大镜左边的大"e"，则代表你眼中看到的虚像。

放大镜能放大物体，是因为它会偏折光线。在左页图中你可以看到，从小"e"顶部反射的水平光线，在穿过放大镜后变成了斜向下的光线并进入眼睛。你的大脑只会认为，眼睛看到的就是大"e"。这就是放大镜的原理。

据史料记载，人类使用放大镜有近1000年的历史了。

你知道吗？很多天然的物体也符合放大镜的原理。比如，一颗椭圆的透明宝石，一个水滴，等等。

放大镜很有用，也非常有趣。在野外，如果没有带打火机或火柴，你还能在阳光下用它来聚焦阳光点燃木材。

放大镜确实很有用，爷爷奶奶可以用它来读书看报，穿针引线；对你来说，放大镜还是一

安全提示

不要将诸如水晶、眼镜和放大镜等物品放在太阳直射的地方，虽然这样引发火灾的概率很小，但一旦引发火灾，后果不堪设想。

个有趣的玩具。但这个玩具也不能乱玩，否则就有可能引发火灾。

拓展阅读

上文说了用放大镜将阳光聚焦后，能点燃木材。现在，人类已经在使用太阳能发电了。熔盐塔式光热电站的原理就是利用上万面平面镜将阳光反射到一座高塔上，将那里的熔盐加热到 500 摄氏度以上，再利用高温熔盐发电。

3

生命的"积木"
——细胞

10^{-5} 米

　　跨过介于人类肉眼可见与不可见范围的世界后，我们的无穷小游戏继续进行，来到了 10^{-5} 米这个尺度。这样的尺度，即使你用放大镜也是看不到的。

　　10^{-5} 米到底有多小？将 1 米平均分成 10 万份后，每一份就是 10^{-5} 米。但这么说，你可能无法体会它到底有多小。

　　以我们熟悉的尺子为例，将尺子上的 1 毫米平均分成 100 份，每一份正好就是 10^{-5} 米。而 1 毫米等于 1000 微米，如果将 1 毫米平均分成 100 份，每一份就正好是 10 微米。也就是说：

$$10^{-5} \text{ 米} = 10 \text{ 微米}$$

　　10^{-5} 米的世界与我们日常看到的大千世界截

然不同，但却对我们极其重要。其中有与我们息息相关的生命或物质吗？当然有，它们就在我们的身体里。

生命的"积木"

　　万里长城是由一块一块的砖垒起来的，这里的砖，我们可以看作万里长城的组成单元。同理，你的身体也是由一个一个组成单元组装起来的，其中最小的组成单元就是细胞，它是所有生命的积木。

细胞对生命有哪些重要作用?

细胞是生命的基本单位,它能在生物体内进行各种代谢活动,合成物质和能量,来维持生命活动。细胞还有传递信息、调节生物体内环境,以及帮助生物实现繁衍和进化的功能。

对于万里长城的组成单元——砖,你大可以拿着一把尺子去量一量这些砖有多长。然而,对于组成人体的那些细胞,你并不能拿着一把尺子去量。因为它们实在是太小了,人体内绝大多数的细胞是肉眼看不见的。

每个人的高矮胖瘦不同,不同的人拥有的细胞数量也有多有少,一般为10万亿~50万亿个,这是相当庞大的数字。

万里长城上的那些砖,有的长,有的短,有的用于铺地,有的用于砌墙。同理,人体细胞也有大有小,各有各的用途。人体细胞的平均直径为10微米。

人体内共有200多种不同类型的细胞,比如

大数对比

10万亿这样大的数字,同学们不好理解,但你们可以将其跟银河系中的恒星数量做对比。银河系最少有1000亿颗恒星,将1000亿乘以100就等于10万亿了。

神经细胞、卵细胞、红细胞等。不同细胞的大小不同，功能不同，寿命也不同。比如舌头上的味觉细胞，虽然能分辨各种食物味道，但它们的寿命只有 10 天左右。而大脑里面的神经细胞，虽然离食物很远，其寿命却长达好几十年，几乎跟人的寿命一样长。

血小板　白细胞　红细胞

无穷小游戏来到 10 微米这一尺度时，你会发现这个尺度下的世界与每个人的生命息息相关。

红细胞——
不可或缺的"运输车"

你到医院检查身体,医生有时会让你先去验血。你摔了一跤,摔跤磕碰到的身体部位可能会红肿。为什么会这样呢?

这些情况跟人体内两种重要的细胞有关,它们就是红细胞和白细胞。

血液是红色的,是因为血液含有大量的红细胞。正如树叶是绿色的,是因为树叶含有大量的叶绿体。

红细胞旧称红血球,直径为 6~8 微米,形状就像一个两面内凹的圆烧饼,平均寿命大约为 120 天。

红细胞就像我们身体内的运输车，作用可大了，专门负责把你吸进肺里的氧气储存在自己身

上，运输到我们全身的每一个角落。

血管就是红细胞走的"公路"——既有动脉和静脉这类"高速公路"，

当然也有"羊肠小道"，那就是毛细血管。

毛细血管就是那些极其细小的血管，它们像一张大网，布满我们全身各处。

如此一来，血液就能在我们全身的每一个细微处畅行无阻了。怪不得不管我们身上的哪个部位磕破了，都会流血。

血型的故事

红细胞有很多不同的类型。根据红细胞膜上特异性抗原类型的不同，人们把血液分成了很多种不同的类型——A 型血、B 型血、AB 型血、O 型血等，这就是血型。

人们之所以要把血液分成不同的血型，是为了挽救生命。正是因为血液有输送氧气、营养物质等功能，所以当人受伤导致大量失血、奄奄一息时，如果及时为他输血，就有可能挽救他的生命。

历史上，第一次成功的动物输血实验发生在 1665 年的英国。牛津郡的医生理查德·洛厄，把从一只大狗身上抽出的血液输入另一只因失血而濒临死亡的小狗体内。不久，小狗又活蹦乱跳了。

小知识

幸存者偏差

幸存者偏差是指如果我们获得信息的渠道仅来自幸存者（因为死人不会说话），那么信息可能就会与实际情况存在偏差。

成功的案例往往容易获得广泛传播，但人们不知道的是，成功者可能只占1%，而99%的人都失败了，这些失败的案例没有获得广泛传播。

这么看，输血似乎挺简单的。其实不然，只是大量失败的案例没有公布而已。

历史上，人们曾经把羊的血输到病人体内，结果病人死得更快了。为了避免这种坑害病人的行为再次发生，当时的英国和法国还专门颁布法律，禁止一切形式的输血行为。

输血的关键是血型要匹配

生死攸关之际，人与人之间的输血行为在历史上也出现过很多次，有成功，也有失败。后来，人们才慢慢摸清了其中的门道。

1900 年，奥地利医生卡尔·兰德斯坦纳发现了人体有 A型血、B 型血、O 型血 3 种血型。后来，他的两名学生又发现了 AB 型血。

　　既然人体的血液分这么多种，那么输血时就要讲究配对。比如，一个 B 型血的人受伤了，因失血过多需要输血，此时，如果将 A 型血输给他是不行的。安全的做法就是找一个同样是 B 型血的人，先做交叉配血试验，配血相合后才能保证输血成功。

　　你是什么血型的人呢？你的血型是跟爸爸一样，还是跟妈妈一样呢？还是跟爸爸妈妈都不一样？

　　发现了不同的血型后，人们马上就找到了过去输血失败的根本原因。至此，输血治疗才走上了康庄大道。

　　鉴于兰德斯坦纳的发现对人类社会的重要性，1930 年，他获得了诺贝尔生理学或医学奖。而他的生日 6 月 14 日，被确定为世界献血者日。

兰德斯坦纳

白细胞——
人体的"防卫兵"

　　了解了红细胞，接下来，我们将结识另一种与红细胞同样重要的 10 微米级的细胞，这就是白细胞。白细胞，旧称白血球，它是血液重要的组成部分，更是人体不可缺少的"防卫兵"。

正常情况下，健康的成人体内，每升血液中的白细胞数量在 40 亿~100 亿个。

白细胞是一群细胞的统称，具体分为好几种，如粒细胞、单核细胞、淋巴细胞、巨噬细胞等。白细胞的形状各有不同，有的呈圆形，有的呈椭圆形。它们大都比红细胞大，直径为 7 ~ 20 微米。

白细胞是人体对抗各种病原体入侵的一道强大防线，专门负责"吃掉"进入人体的病毒、细菌等病原体。平时，白细胞就像训练有素的士兵，在人体内到处巡逻，一遇到病毒、细菌等这些对身体有害的异物，就会一窝蜂地冲上去，把它们层层包围，逐一消灭。

你去医院看病时，医生可能会用一次性采血针在你的指尖扎一下，然后适当挤压指腹，用一根毛细管抽一小管血。

医生为什么要这么做呢？原因很简单，他们需要统计，或者说需要用仪器数一下你血液中的白细胞数量。如果你血液中的白细胞数量在正常范围之内，那就说明你的身体没有被病原体大规模入侵；如果你血液中的白细胞数量增加，超出正常范围，那就说明你的身体有了炎症。

问题来了，为什么身体有了炎症后，血液中的白细胞数量会增加？

当身体的某个部位发炎或者有其他疾病时，血液中的白细胞就会紧急动员，忙碌起来。为了对抗"敌人"的进攻，白细胞会大量增加"兵力"。结果就是，白细胞数量大大增加了。

炎症那些事

炎症有很多种，可表现为皮肤红肿、身体发热等症状。皮肤为什么会红肿呢？

原来，当你受伤的时候，细菌、病毒等病原体从伤口进入体内，想要兴风作浪。你身体内的白细胞十分警觉，它们如临大敌，紧急动员。

在这个危急时刻，伤口附近会有大量叫作组胺的物质被释放出来，它们会在第一时间让毛细血管变大、变粗，便于陆续赶来的白细胞穿过血管壁，到达伤口附近；同时跑到血管外面的血浆也越来越多。白细胞和血浆在伤口处聚集，导致皮肤隆起，这就是肿的原因。

如此一来，毛细血管里流淌的血液自然就大大增加了。血液是红色的，所以当血液的流量变大后，它们会改变你皮肤的颜色。这就是为什么伤口处的皮肤颜色总是比周围的皮肤颜色更红。

当你的皮肤受伤并红肿时，你就不用再害怕了。因为你知道，红肿处其实是一个轰轰烈烈的战场——你体内的白细胞正与入侵的细菌、病毒等病原体打得激烈。当它们被白细胞消灭后，皮肤红肿的现象也就慢慢消失了。

叶绿体——
能量转化工厂

前面讲过，树叶之所以是绿色的，是因为树叶里含有大量的叶绿体。

地球上的生物之所以能够繁衍生息，追根溯源，是因为植物中的叶绿体把光能转化成了生物能够利用的能量形式。

单个叶绿体，我们用肉眼是看不见的，即便将其放在放大镜下也看不见。因为放大镜一般只能将物体放大几倍——最多约30倍。但无数的叶绿体聚在一起就能被看见了。

下页这幅图画的是经过显微镜放大后的植物细胞。植物细胞内有一个一个的绿色小球，它们就是叶绿体。

叶绿体有的大，有的小，个体差异很大。就高等植物的叶绿体来说，其直径多为 5~10 微米。所以，仅仅几片菠菜叶就含有数亿个叶绿体。

我是叶绿体。

叶绿体的最大作用就是进行光合作用。

什么是光合作用?

地球上有"三多"：阳光、空气和水。另外，空气中还有二氧化碳。光合作用是绿色植物吸收光能，把二氧化碳和水合成有机物的同时释放氧气的过程。光合作用实在是太重要了，甚至可以说，如果没有光合作用，也就没有人类。

叶绿体就像一个微型的能量转化工厂，通过光合作用把阳光、二氧化碳和水合成有机物，并释放出氧气。

有机物是生命产生的物质基础。据估算，地球上的植物通过光合作用每年能吸收 7000 亿吨二氧化碳，合成的有机物达 5000 亿吨。

叶绿体正在对阳光、二氧化碳和水等进行加工

这些有机物主要是碳水化合物。碳水化合物广泛存在于谷物、水果、蔬菜中，是我们维持生命活动的能量来源。如果没有光合作用，就没有花草树木，我们就没有食物吃。更重要的是，植物通过光合作用除了合成有机物外，还能生产氧气。而我们每分钟都离不开氧气。

所以，光合作用满足了我们生存需求。我们无论怎么形容它的重要性都不为过。

人工能模拟光合作用吗？

如果科学家能发明一种装置，把阳光、二氧化碳和水经过一番处理，然后将它们合成苹果、西红柿、草莓、大米等，那就太完美了。

这样的神奇装置存在吗？人工模拟光合作用能实现吗？

现在还未实现。不过好消息是，这个领域正吸引着越来越多的科学家，他们已经研究了几十年，有的难点已经被攻克，有的难点正在被攻克。

虽然人类还不能利用阳光、二氧化碳和水合成食物，但对于太阳能的利用，人类早已经掌握了窍门。

阳光下，每一片树叶都充分舒展，贪婪地吸收着阳光，而屋顶上的每一块太阳能面板，也都在努力地吸收着阳光。从这一点来说，两者有相似之处。

不同的是，树叶中的叶绿体吸收阳光可以将其转化为有机物，而太阳能面板只能生产电，这同样是一种极其重要的能量。

太阳能面板将吸收的阳光转化成电，再输送给用户

假如你的视角再大一些，想象力更丰富一些，你也可以这样认为，电其实是一种给机器吃的食物。

温室气体和碳中和

空气中含有二氧化碳。你每时每刻都在呼出二氧化碳，吸进氧气。另外，无数的工厂和燃油车也在排放二氧化碳。地球大气中二氧化碳这种气体的浓度越来越高，这已经成为一种隐患，威胁着人类的安全了。

这是因为二氧化碳是一种温室气体，它会让我们的地球温度升高。而且一旦全球平均温度升高，就会引起一系列连锁反应。全球变暖并非危言耸听，它已经被科学家证实正在发生，需要引起足够的重视。

所谓"碳中和"，简单地说，就是让各种人类活动排放的二氧化碳等温室气体，通过植树造林、节能减排等形式正负抵消，以此确保地球大气中二氧化碳的浓度不再升高。

在无穷小游戏的 10 微米这个尺度，我们发现这里的世界极其精彩。沿途风光让我们懂得了人体内的红细胞是如何把氧气运输到全身各处的，以及白细胞是如何保护我们不受病毒和细菌的侵害的。

了解完与我们息息相关的细胞的尺度，我们将进入一个更小尺度的世界。

4

10^{-6} 米!

当世界缩小到原来的
一百万分之一时

注意，无穷小游戏的进度条已抵达 10^{-6} 米这个尺度。10^{-6} 米，其实就是 1 微米。

无穷小游戏的起点是 1 米，现在游戏已推进到 1 微米。问题来了，你现在的身高是 1 微米，相对于你原来的身高 1 米，你缩小到了原来的多少？

答案是一百万分之一。也就是说，你原来的身高是现在的 1000000 倍，也就是 100 万倍。

现在，我们已经进入了 10^{-6} 米的世界。这个肉眼不可见、放在放大镜下也不可见的微小世界，都有哪些东西呢？

细菌的世界

我们很容易认为，我们看见的动物，比如各种野兽、飞鸟、鱼儿、昆虫等，就是地球生命中的绝大多数。

实际上，这是不对的。

这个世界数量最多的，其实是那些我们根本看不到的生命，它们主宰了整个世界，包括我们的健康。

我们的身体表面和身体内，生活着我们看不到的数以十万亿计的小生命，那就是细菌。

它们控制着一个人的喜怒哀乐，甚至生死存亡。从这个角度来说：

一人一世界！

前面讲到细胞时，我们知道人体拥有的细胞数量为 10 万亿~50 万亿个，这是相当庞大的数字。

但更让人震惊的一个事实是，人体内的细菌数量比人体细胞数量还要多！

细菌数量到底有多少？

在 2014 年之前，大众媒体和科学文献经常提到，人体内的细菌数量是人体细胞数量的 10 倍左右。

2014 年，美国微生物学会发表的一份常见问题解答指南提到，人体内的细菌数量是人体细胞数量的 3 倍。

2016 年，科学家公布了一个更为严谨的结果：人体内的细菌数量是人体细胞数量的 1.3 倍。也就是说，每一个人体内的细菌数量，多于其自身的细胞数量。

当然，科学家一再强调，人体内的细菌数量与人体细胞数量的比值只是一个估计值。随着科学技术的进步，这个比值可能还会被微调。科学并不都是绝对真理，而是可以不断被修正甚至被推翻的知识系统。

人体内竟然生活着如此众多的小生命！细菌才是人体的主宰。这是一个让人十分震惊的事实。

要知道，我们所在的银河系，它所拥有的恒星数量最少为

1000 亿颗。1000 亿！这已经是一个极其庞大的

数字了，但我们人
体内的细菌数量，
却相当于 100 多个
银河系的恒星加起
来的数量！

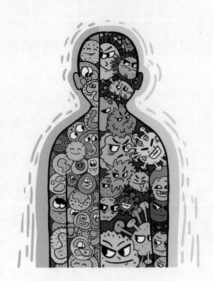

说到这里，你可
能也想到了，人体
内的细菌数量之所
以那么多，一个原因
应该是：细菌很小，
比人体细胞小得多。

事实确实如此。绝大多数细菌的直径为
0.5~5 微米。比如，你经常听到的大肠杆菌，它
的长度为 2~3 微米，而直径为 0.25~1 微米。

为了见识细菌有多小，我们将它与针尖进行
一番比较。我们都知道，针尖很小、很细。接下来，
我要带你去看一看，把针尖分别放大 100 倍、
1000 倍、10000 倍及数十万倍后，针尖上细菌
的大小。

　　下面这张图很好地展示了针尖与细菌的对比。如果这还不能让你体会到细菌有多小的话，我们还可以这样理解：大约10亿个细菌堆起来，也只有一粒米那么大。

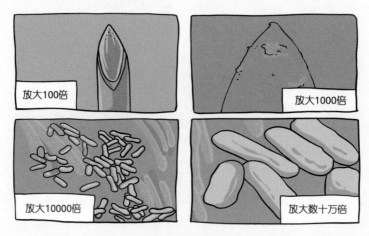

放大100倍

放大1000倍

放大10000倍

放大数十万倍

针尖上的细菌

　　根据发表在《美国国家科学院院刊》上的一篇论文报道，居住在肠胃里的菌群会影响一个人的情绪和行为。

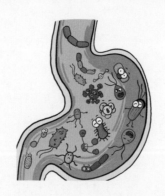

细菌长什么样？

细菌看不见、摸不着，它们到底长什么样？

由于细菌的种类繁多，因此它们的形态也多种多样。

根据细菌形态的不同，我们可以给细菌家族的成员分类。

第一类：球菌

从球菌的名字就能猜出，它们长得像一个个小球。有的球菌总是成双成对地出现，我们把它们称为双球菌，比如肺炎双球菌，也叫肺炎链球菌；还有 4 个小球、8 个小球连在一起的，甚至还有更多个小球连在一起的，看上去就像葡萄串，这样的细菌，人们给它们取了一个形象的名字——葡萄球菌。

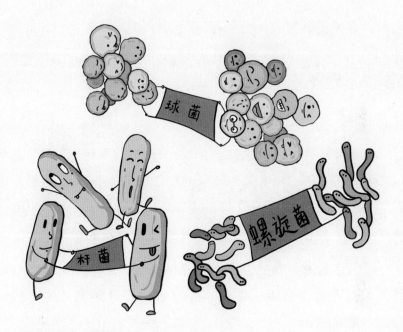

第二类：杆菌

　　它们长得像杆子一样，呈长条形。而杆菌中最有名的，当然要数跟我们最亲近的大肠杆菌了。大肠杆菌就像彗星中的哈雷彗星一样有名。

第三类：螺旋菌

　　螺旋菌，顾名思义，它们的身体就像螺旋一样绕来绕去的。有一种很像螺旋菌，但其身体弯曲得不是很厉害，就像弧一样的细菌，人们把这样的细菌叫作弧菌，而弧菌中最鼎鼎有名的，恐怕要数害人无数的霍乱弧菌了。

细菌无处不在

细菌究竟住在哪里呢？

毫不夸张地说，细菌就像尘埃一样，几乎无处不在。上至1.7万米的高空，下到深达万米的海洋，都有细菌的踪影。还有你的身体表面，以及让你的身体与外界环境相通的腔道，比如口腔、鼻腔、肠道等地方，都生活着大量的细菌。

可以这么说，哪里有空气，哪里就有细菌。凡是跟空气接触过的东西大多会带上细菌，而细菌只要遇到充足的养料，就会大量繁殖。

一般来说，胎儿在出生前很少接触到细菌。但在出生的过程中，胎儿经过产道，很快就会沾染母体上的细菌，在极短的时间内，细菌就会布满胎儿的全身。幸运的是，这些细菌绝大多数都是好细菌。

显微镜的发明

细菌很小，科学家又是怎么发现它们的呢?

在显微镜发明之前，人们压根儿就不知道，原来自己的周围居然还有一个奇妙的细菌世界。

那么，谁是第一个亲眼看到细菌的人呢? 故事得从 300 多年前说起。

在一个神奇之地——荷兰的代尔夫特，一个叫列文虎克的人迷上了磨制镜片。列文虎克是个闲不住的人，他一心想要磨制出世界上最好的镜片。

功夫不负有心人，列文虎克终于磨制出了当时世界上最好的镜片。他把两片透镜以合适的距离隔开，组装成一架简易的显微镜。然后他把自己的一根胡须放在显微镜下，于是就看到了一个奇妙无比的微小世界：胡须看上去

列文虎克制作的显微镜

就像一根粗壮的树枝，甚至胡须上每一个凹凸不平的地方都显示得清清楚楚。

他又把池塘里的一滴水放到显微镜下进行观察。然后，他看到许许多多的小生物在欢快地游泳。

……

他抑制不住内心的狂喜，给英国皇家学会寄去了详细的观察报告，并附上一封信。他在信中写道："100 万个这样的小生物，只有一粒沙子那么大；一滴水可以容纳 270 万个这样

的小生物。"

不久，英国皇家学会给列文虎克寄来了华丽的会员证书。从此，列文虎克一下子成为欧洲无人不知的知名科学家，以及英国皇家学会的正式会员。

1683 年，列文虎克观察了牙垢，他发现人们的口腔中竟然躲藏着许许多多的"小动物"，它们像蛇一样以优美的姿势运动着。多年以后，人们才知道，列文虎克在牙垢里发现的那些"小动物"其实就是细菌。

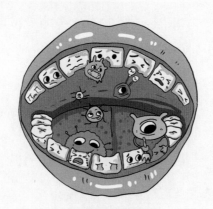

牙垢中的细菌

当时，列文虎克在观察记录里写道："在人们牙垢中生活的'小动物'，比整个荷兰王国的居民还要多！"

这就是人类第一次观察到细菌时发出的感叹。

科学采访

对于很多人来说，哪怕是成年人，他们也只知道细菌很小。但细菌到底有多小，他们的认知其实是很模糊的。

大街上，假如你化身为一位电视台记者，拦住一个路人进行采访。

"你知道细菌吗？"

"知道呀，地球人都知道。"

"那你知道细菌有多小吗？"

"很小很小。"

"那到底有多小呢？"

"这个……"

现在，假设你变成了那个被采访的路人，电视台记者在大街上拦住你，问你细菌到底有多小，你可以这么回答。

"对绝大多数细菌来说，如果把身材放大 100 万倍，那么，细菌差不多就跟我一样高了。当然，这不是绝对的。不同的细菌大小还不一样呢！放大 100 万倍后，有的细菌可能变成了 0.5 米长，有的变成了 1.5 米长，有的甚至变成了 5 米长。但不管怎样，只要把细菌放大 100 万倍，它们的尺度就从微米级变成了米级。"

人类和放大 100 万倍的细菌

"魔鬼"出没的世界

横跨两个尺度

不知不觉，无穷小游戏已经通过了 10^{-6} 米这一关。10^{-6} 米就是 1 微米。1 微米已经很小了，接下来你将进入一个更小、更神奇的世界。

这个世界有一种魔鬼般的东西，它给人类带来的伤害不亚于世界大战。这是什么东西呢？

答案揭晓前，我们先来看一看将要到达的尺度。

对于之前的无穷小游戏，我们都是一级一级地通关。比如，从 10^{-4} 米抵达 10^{-5} 米，再从 10^{-5} 米进入 10^{-6} 米。而这次，我们要一下子横跨两个尺度。

为什么呢？很简单，仅仅是因为这种魔鬼般的东西，它的大小恰好横跨 10^{-7} 米和 10^{-8} 米这两个尺度。

10^{-7} 米等于 0.1 微米，即一千万分之一米。如果我们把 1 米平均分成 1000 万份，则每一份就是 10^{-7} 米。

同理，10^{-8} 米等于 0.01 微米，即一亿分之一米。如果我们把 1 米平均分成 1 亿份，则每一份就是 10^{-8} 米。

这么一换算，你就很清楚这两个尺度到底有多小了。

实际上，没有多少人喜欢小数点后面的数字，因为 10 元要比 10.45 元好记得多。所以，要想更容易地记住 0.1 微米和 0.01 微米，就要想办法去掉小数点，就得引入一个很重要的长度单位——纳米。它与米、微米的换算关系如下：

$$1 \text{ 米} = 1000000 \text{ 微米} = 1000000000 \text{ 纳米}$$

$$1 \text{ 纳米} = 10^{-9} \text{ 米}$$

$$1 \text{ 微米} = 1000 \text{ 纳米}$$

0.1 微米就是 100 纳米，0.01 微米就是 10 纳米，这下你明白了吧？你即将进入 10 纳米和 100 纳米的世界。

有趣的比较

一个标准足球的直径是 22 厘米左右。想象一下，你面前有两个足球，一个的直径是 22 纳米，另一个的直径是 22 厘米。

如果把两个足球都放大 1000 万倍，那么直径是 22 纳米的足球将变成和现实中的标准足球一样大。而直径是 22 厘米的足球，将会变成直径是 2200 千米的巨型足球，那时它可以覆盖中国的大部分版图，因为北京到海南岛的直线距离就是 2200 千米左右。

虽然直径是 22 纳米的足球在现实中是不存在的，但有一种与其大小相近的"魔鬼"却真实存在，这种"魔鬼"就是大名鼎鼎、祸害世界的病毒。

没错，你已经来到了病毒的世界！

关于病毒，你可能会有好多好多的问题。病毒是一种生命吗？病毒长什么样？第一个发现病毒的人是谁？为什么有的病毒那么可怕？……

接下来，我们就带你闯一闯病毒的世界，解开病毒身上的种种谜团。

病毒是一种生命吗？

判断一种物体是不是生命，最重要的判断依据是它是否有生命的结构和功能，所以在讨论病毒是不是一种生命这个问题之前，我们有必要先来了解一下病毒的基本结构。

病毒的基本结构很简单

1960 年获诺贝尔生理学或医学奖的英国免疫学家梅达沃就曾把病毒描述为"一个包裹在蛋白质里的坏消息"。

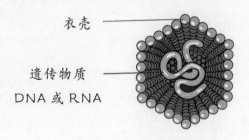

衣壳

遗传物质
DNA 或 RNA

病毒的基本结构

大多数病毒都"穿着"一件由蛋白质组成的"外套"，人们把它叫作衣壳。

流感病毒

有些病毒的衣壳上还会有一些"装饰品"——刺突，比如流感病毒。

"坏消息"具体又是什么呢？它就是病毒体内的遗传物质DNA或RNA。对于人体细胞内的DNA来说，它们当然是"好消息"，因为DNA是一张"生命图纸"，你长多高，长什么样，甚至你说话的神情与爸爸妈妈是否一样，都是由人体细胞内的这张"生命图纸"决定的。

但不幸的是，病毒体内也有DNA。当然，有的病毒体内的遗传物质是RNA。一些病毒进入细胞后，把细胞内原有的"生命图纸"作废了，然后让细胞内的物质按照自己的"施工图纸"进行组装，制造出大量病毒危害你的健康。

当然，有的病毒更加简单，它们甚至连"外套"都没有，只带了一张"施工图纸"——单链环状的遗传物质，这样的病毒叫作类病毒。

病毒的功能

说完病毒的基本结构，我们先看看病毒所具有的功能，再来回答那个问题：病毒是一种生命吗？

枯草杆菌是一种生命，这是没人能否认的，因为它们能利用枯枝落叶蕴含的化学能生存下来，并繁殖后代。

但是，病毒呢？

只要离开细胞或细菌，病毒就相当于一个穿着外套的灵魂。你能看到的只是一件外套而已。

更重要的是，病毒没有细胞结构，而细胞是生命的基本单元。

还有，病毒没有自身的代谢机制，也就是它不会吃喝拉撒。它繁殖后代所用的原料，没有一点儿是它自己制造的，全部取材于宿主细胞中的物质。

关于病毒的争论

对病毒到底是不是一种生命，科学家已经争论了几十年：有的说是，有的说不是；有时候认为是，有时候认为不是，至今还没有一个定论。

其实，有这种争论是很正常的，很难下一个定论也是完全说得通的。

在当下的认知中，因为地球上就不存在比病毒体形更小的生命，也就是说，如果病毒是一种生命，它就是地球上最小的生命；如果病毒不是一种生命，那么细菌就是最小的生命。

　　这也意味着，病毒恰好处在"生命与非生命"的分界线上。正是出于这个原因，有人才建议将病毒视为"生命边缘的生物体"。

　　对我们大多数人来说，病毒是不是生命不重要，重要的是怎样才能防范它。

病毒的分类

病毒根据衣壳的排列形式，可以分为螺旋形病毒、正二十面体形病毒和复合型病毒。

螺旋形病毒

螺旋形病毒的代表是烟草花叶病毒。

我们来看一下烟草花叶病毒放大后的模型图。

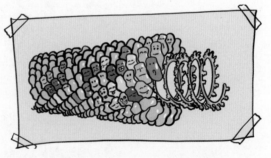

烟草花叶病毒放大后的模型图

关于这种病毒，还有不少有趣的故事，我们

稍后再说。

正二十面体形病毒

大多数的动物病毒都具有正二十面体形的对称结构。它们长得有些像早期的人造卫星，比如腺病毒。

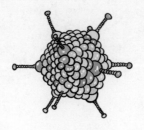

腺病毒

包膜型病毒

病毒难以独立存活，只能靠攻击其他猎物来生存，它们的攻击对象是细胞或细菌。一些病毒会改造细胞表面的膜，使它环绕在自己的周围，形成一层脂质的包膜。因此，我们将这些病毒称为包膜型病毒。事实上，包膜内的病毒可以是螺旋形病毒或正二十面体形病毒。

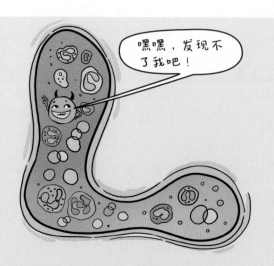

水痘带状疱疹病毒被包膜环绕，是一种典型的包膜型病毒。

肆虐全球的新型冠状病毒，也会利用人体细胞表面的膜把自己包裹起来。

复合型病毒

复合型病毒的结构很复杂，当然也很好看，有的复合型病毒看起来就像一个小小的机器人，比如噬菌体。

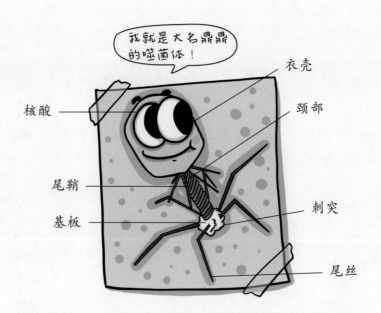

噬菌体，顾名思义，它是专门攻击细菌的一种病毒。你的大肠内有一种大名鼎鼎的细菌——大肠杆菌，它最怕的就是噬菌体了。

有些大肠杆菌会让人生病，但绝大部分大肠杆菌却是对人有益的，它们会在人体内制造维生素，并防止肠道中其他致病菌生长。

当然，需要提醒你的是，噬菌体是一类病毒的统称，同样可以分为各种类型。

病毒的其他分类依据

除此之外，我们还可以从其他方面对病毒进行分类。

比如，根据病毒攻击目标的不同，我们还可以将病毒分为以下 3 种类型。

动物病毒，主要攻击猫、狗等各种动物的细胞，比如新型冠状病毒。

植物病毒，主要攻击花、草等各种植物的细胞，比如烟草花叶病毒。

细菌病毒，也就是前文所说的噬菌体，主要攻击细菌，它们在细菌体内进行复制。

医学小知识

要对付病毒，首先要知道它是什么类型的，然后才能采取相应的措施。

第一个发现病毒的人

病毒种类繁多，名气最大的病毒通常是那些专门攻击人体细胞的动物病毒。不过也有例外，比如有一种植物病毒十分有名，它就是烟草花叶病毒。

烟草花叶病毒，顾名思义，是会让烟草患病的病毒，严重时甚至能让烟草减产 50% 左右，对此，烟农们非常头疼。

两次擦身而过

1886 年，德国人阿道夫·麦尔把患有花叶病的烟草叶片加水研磨，然后把汁液注射到健康烟草的叶脉中，结果健康的烟草叶片也患病了，而且患的同样是花叶病。

于是，麦尔首次证明了这种病是可以传染的。那时，法国著名的微生物学家巴斯德提出了"细菌致病"学说。所以，麦尔认为花叶病是由细菌引起的。

然而很遗憾，他错过了人类首次发现病毒的机会。

1892 年，俄国的伊万诺夫斯基重复了麦尔的实验，他进一步发现，从患病的烟草叶片中提取的汁液，经过细菌过滤器（一种有很多小孔的陶瓷器材，可以阻挡绝大多数细菌通过）过滤后，竟然还能使健康的烟草叶片患上花叶病。

到这里，关于病毒的故事就更精彩了，因为这说明使烟草叶片患上花叶病的应该不是细菌，而是别的东西。可是，伊万诺夫斯基不敢这样想，而是仅仅推断：那可能是一种细菌产生的毒素。

你看，伊万诺夫斯基也没有勇气推翻巴斯德提出的"细菌致病"学说。虽然后来人们知道了伊万诺夫斯基发现的就是病毒，但是他错过了人类首次命名病毒的机会。

病毒的命名

1898 年，荷兰细菌学家拜耶林克再次做了同样的实验，他又一次发现，使烟草叶片患上花叶病的物质能够通过细菌过滤器。但拜耶林克思考得更深入，他做了另外的一些补充实验，最终他得出使烟草叶片患上花叶病的东西有 3 个特点：

（1）能通过细菌滤器；

（2）只能在细胞内繁殖；

（3）不能在细胞外生长。

根据这几个特点，他又进一步推断：使烟草叶片患上花叶病的不是细菌，而是一种全新的东西，并将它叫作病毒。随后，拜耶林克承认伊万诺夫斯基先发现了病毒。

既然有了第一次发现病毒，就会有第二次、第三次……狡猾的病毒逐渐露出了马脚，从此无处遁形。

病毒的威胁

仅凭肉眼，你是看不见细胞的，当然也看不见细菌，因为细胞和细菌都很小。但病毒比它们更小，因为病毒可以钻进细菌或细胞的身体里。

说起来很有趣，细菌可以钻进你的身体里，吃你的，喝你的，而病毒却可以钻进细菌的身体里，吃细菌的，喝细菌的。真是一物降一物。

每时每刻，你都要吸入大量的病毒，每吃一

口东西也会把许多病毒一起吃进肚子里。为什么会这样？

这是因为多数病毒的直径为 10~300 纳米。病毒很多，无处不在，以至于我们可以毫不夸张地说，所有生命都生活在病毒的包围中。病毒真是太多了，仅仅 1 升海水中就含有上亿个病毒。

前面说过，有一类病毒叫作噬菌体，如果把地球上这种病毒一个一个连起来，它们的长度远远超过 1 光年。

从地球发出的光，1 秒多就能到达月球，8 分多钟就能到达太阳，而 1 光年就是光在真空中行进 1 年的距离。

病毒家族中的"坏家伙"

虽然病毒的种类繁多，数量更是多到难以想象，但是你也不用太担心，因为在病毒大家族中，只有一小部分成员能对人类产生威胁，让我们人类生病。比如下面这几种病毒。

在历史上，流感病毒至少造成了 5000 万左右的人死亡。根据主要感染对象的不同，流感病毒可以分为人流感病毒、猪流感病毒、马流感病毒以及禽流感病毒等。而人流感病毒，又可以进一步分为甲型流感病毒、乙型流感病毒、丙型流感病毒。其中，甲型流感病毒和乙型流感病毒很可怕，多次引起世界性流行病。暴发于在 1918 年的"西班牙大流感"（那次的流感病毒并不源于西班牙，只是媒体记者给它起的一个代号而已）席卷全球，造成了 2500 万以上的人死亡，是人类历史上的一场重大灾难。

天花病毒曾造成至少 3 亿人丧失生命。幸运的是，科学家最终战胜了它。1980 年 5 月 8 日，世界卫生组织在第三十三届世界卫生大会上庄严宣布：世界各国人民赢得了胜利，根除了天花。

艾滋病毒是艾滋病的病原体。自 1981 年人类发现第一例艾滋病以来，全球迄今已有 4000 多万人因患上艾滋病而死亡。

全球平均每天约新增 3500 人感染艾滋病毒。

2024 年 3 月，阿姆斯特丹大学的科学家团队在医学会议上表示，他们通过使用基因编辑技术已成功从被感染的细胞中清除了艾滋病毒。

因此，即便病毒千变万化，即便有些病毒对人类的生命造成巨大的威胁，我们还是要乐观地去面对它们、战胜它们。

提醒一下，我们的无穷小游戏即将越过"生命与非生命"的分界线，你也将进入新的世界，那里又会有什么呢？

6

这个世界里全是神奇的事情

花生放大 10 亿倍后

一晃眼，我们的无穷小游戏已越过了 10^{-7} 米和 10^{-8} 米的尺度——一个有大量"魔鬼"出没的世界，也是一个处在"生命与非生命"的分界线上的世界。

接下来，无穷小游戏继续进行，我们将进入一个更加神奇的尺度—— 10^{-9} 米。

我们先好好认识一下这个尺度。

通过前面的章节，可能你已经知道了，10^{-9} 米就是 1 纳米。

将 1 米平均分成 10 亿份，每一份就是 1 纳米。

1 米 =1000000000 纳米 =10 亿纳米

为了让你更好地认识 1 纳米到底有多小，我们同样来做一个有趣的比较。

花生你肯定吃过，虽然花生的大小不一，胖瘦不同，但它们的长度差别不大，多为 1~2 厘米。

假如你手上正好有一粒花生，它的长度是 1.27 厘米。把这粒花生放大 10 亿倍之后，它的大小就跟地球差不多了。这粒花生和地球相比，就好比是 1 纳米和 1 米相比。

拓展阅读

爸爸的胡子刚刚刮过，为什么还会扎人？如果仔细观察会"发现"，爸爸的胡子平均每秒就会长 5 纳米。显然，说"发现"是在开玩笑，别说用肉眼，就是用光学显微镜也很难看出 5 纳米到底有多长。因为每秒长 5 纳米，不是直接测量得到的，而是通过一段时间的累积算出来的。虽然 5 纳米很难被测量出来，但每天 24 小时，每小时 60 分钟，每分钟 60 秒，每天 86400 秒，胡子可以长 432000 纳米，相当于 432 微米，约为 0.4 毫米，这就可以轻松地觉察到了。

纳米名气大

同样是长度单位，但纳米这几年的知名度高涨，比传统的"老明星"分米、厘米、微米等的知名度还要高得多，甚至已形成了一门新的学科——纳米科学。纳米科学跟一些重要学科紧密结合，又形成了纳米医学、纳米化学、纳米电子学、纳米材料学、纳米生物学等。

纳米已经渗入我们的日常生活，我们经常跟这个单位打交道。比如，笔记本电脑的中央处理器（CPU，一种芯片）的制程工艺大约就是 14 纳米的。

芯片

　　我们说纳米很重要，不是说这个单位很重要，而是说这个尺度很重要。因为同一种物质，一旦到了纳米尺度，往往会展现出一些完全出乎意料的独特性能：有的会隐形，有的超级硬，有的变得非常容易燃烧，还有的变得滴水不沾，等等。总之，一切神奇得让人眼花缭乱。

　　接下来，我们一起去见识一下纳米世界中的各种神奇现象。

　　欢迎来到纳米世界！

小知识

　　制程工艺是指芯片里面半导体制造工艺及其设计规划，一般用"数字＋纳米"来表示。其中，"数字"越小，同一尺寸的芯片就能容纳越多的晶体管，芯片的性能也就越好。目前，芯片的制程工艺已突破2纳米。

颜色在纳米世界
会有什么变化？

颜色的秘密

上美术课时，如果你将红、绿、蓝 3 种颜色的颜料在调色板上混合，能调出很多你想要的颜色。可是，万物的颜色又是由谁"调"出来的？

比如，阳光是什么颜色的？它是由哪几种颜色的光"调"出来的？

阳光是由红、橙、黄、绿、蓝、靛、紫 7 种颜色的光混合而成的。要想把这 7 种颜色的光一一"揪"出来，其实很容易，牛顿在几百年前就知道怎么做了。他仅用一块三棱镜，就把阳光中 7 种颜色的光分解出来了。

牛顿及其三色散棱镜实验原理图

一束阳光通过三棱镜后，分解出了7种颜色的光。其中，有一束蓝光通过了蓝玻璃。我们顺藤摸瓜很快就会明白：蓝玻璃之所以是蓝色的，是因为阳光照射到蓝玻璃时，蓝玻璃把其他颜色的光全部吸收了，独独对蓝光网开一面，于是蓝光通过蓝玻璃顺利反射进你的眼睛里，这就是蓝玻璃看上去是蓝色的原因。

拓展阅读

树叶不像玻璃那样透明，那树叶为什么是绿色的呢？原因是这样的：树叶能合成大量的叶绿素，叶绿素对蓝紫光和红光的吸收性很强，但对绿光的吸收性很弱，绿光通过树叶反射到你的眼睛里，所以你看到的树叶是绿色的。

你可能会问，为什么秋天树叶变黄了呢？这是因为温度降低导致叶绿素逐渐被分解，树叶中的其他色素如类胡萝卜素的数量多于叶绿素的数量。类胡萝卜素对黄光的吸收性很弱，树叶就呈现出了黄色。

万物呈现不同颜色，跟光的吸收和反射有密切关系。

颜色在纳米世界会变吗？

改变光的吸收和反射这两个要素，某个物体的颜色也会随之改变吗？

答案是肯定的。

怎么才能改变这两个要素呢？

科学家发现，黄金不一定都是黄色的。如果它被研磨成纳米尺度的超微颗粒，它虽然还是黄金，但它的颜色已经变成黑色的了。还有白银，被研磨成纳米尺度的超微颗粒后，它的颜色也会变成黑色。

事实上，所有金属只要被研磨成纳米尺度的超微颗粒，都会变成黑色。颗粒越小，颜色越黑。这是为什么呢？

原因是，纳米尺度的金属超微颗粒对光的反射很少，吸收却很多。

照过去的光被它们"私吞"了，很少有光能"活着"出来并反射到你的眼睛里，所以，纳米尺度的金属看上去就都变成黑色的了。

金属还能作为
火箭燃料？

在你的印象中，是不是木头、枯草是易燃的，而金属是不易燃的？然而你知道吗？很多金属是可以被点燃的，金属铝就是火箭的固体燃料之一。

很多人炒菜都用铁锅，但你从来没看到过铁锅被点燃烧成灰吧？实际上，如果把铁这种金属制成纳米铁粉，那么它不光能被点燃，甚至还能自己燃烧起来。

这是为什么呢？

要知道其中的原因，你得先了解两个知识，一个是燃烧的本质，另一个是表面效应。

燃烧的本质

燃烧现象你可能见过，但物质需要具备哪些条件才能燃烧起来，可能你就不是很熟悉了。

通过对日常生活中的燃烧现象的观察，你就能发现燃烧的一些规律。比如，燃烧必须要有可燃物。可燃物要想燃烧起来，必须达到合适的温度，这个温度就叫燃点。

你可能有过这样的经历：对于点燃的蜡烛，你如果用一个大烧杯把它罩起来，火焰很快就会熄灭；对于燃烧的火堆，你如果用嘴向它使劲吹气，火堆就会燃烧得更旺。这些现象在提醒你：燃烧还需要有氧气!

总结一下，日常生活中的燃烧现象，需要满足 3 个基本条件：要有可燃物、要有着火源、要有氧气之类的助燃物。

可燃物、着火源、助燃物

燃烧并不简单

请注意，我们前面说的是日常生活中常见的燃烧现象。如果再深入探究，你会发现燃烧其实并不简单。

例如，家里的天然气可以用来烧水、做出美味佳肴，但如果粗心大意导致天然气大量泄漏，这时候家里有一点儿小火星，就会引起剧烈爆炸。

一袋面粉，你拿火柴去烧它，你会发现面粉很难被点燃，但是，如果在面粉加工厂的生产车间里，空气中到处都是面粉，此时一个没有熄灭的烟头就会引起剧烈爆炸。

这么一看，燃烧这个简单的现象不简单了，这是因为什么呢？

答案是表面效应。

表面效应

我们用一块方糖举例，来解释什么是表面效应。

一块边长为 1 厘米的方糖（正方体），它一共有 6 个面，每个面的面积为 1 平方厘米，它的表面积一共是 6 平方厘米。

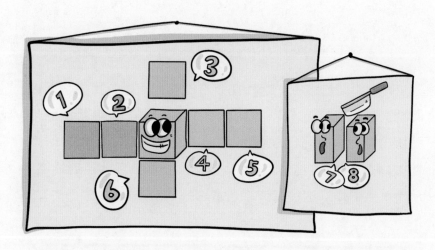

现在，假如你把这块方糖切成两半。你看，它是不是又多出了 2 个面？也就是它的表面积增加了 2 平方厘米，变成了 8 平方厘米。如果你觉得好玩儿，不停地切，这块方糖肯定就会多出很多很多的面，它的表面积也会成倍或成几十倍、几百倍地增加……

如果把这块方糖切分成一个个边长只有 1 纳米的小立方体。那么，这块方糖的表面积将会是多少呢？

答案是，它的表面积将从原来的 6 平方厘米变成 6000 平方米。表面积是原来的 1000 万倍！

表面积变大意味着什么？意味着方糖与外界（比如空气、水等）的接触面积增大了。把方糖研磨成粉末，再倒进水里，你会发现它们很快就溶解在水中了。你喝到的水也变得特别甜，这是因为方糖与水的接触面积增加，加快了溶解速度。

同理，面粉堆在一起，你很难把它们点燃，可要是把这堆面粉吹起来，让它们飘浮在空气不流通的厂房里面，此时，面粉与空气（也可以理解为空气中的氧气）的接触面积大大增加。只要厂房里有一点儿小火星，面粉就会极为迅速地燃烧，从而发生爆炸。这种爆炸，通常称为粉尘爆炸。

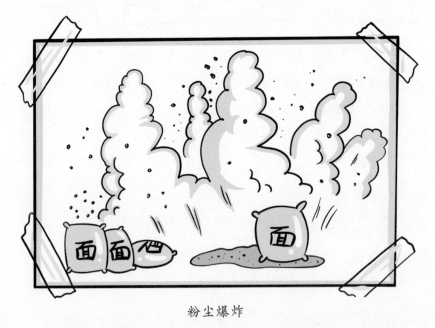

粉尘爆炸

物体的表面积如果显著增加就会使物体表现出不一样的特

性，从而带来很多神奇的效应，这就是表面效应。

纳米材料虽然颗粒非常小，但数量巨大，表面积非常大，就会产生表面效应。所以把金属铝变成纳米铝粉后，纳米铝粉与氧气的接触面积增大，它就很容易燃烧。纳米铝粉的燃烧速度极快，它燃烧时释放的热量非常多，所以，它被广泛地添加在火箭的固体燃料里。还有，在弹药中加入纳米铝粉能极大地提高弹药的威力。

神奇的纳米材料

越来越多的科学家正在全力以赴研究纳米尺度下各种材料的特性，这不仅因为它们有神奇的"魔法"，还因为一些纳米材料对人类极为重要。

强度不等于硬度

当我们说某种材料很坚硬时，这其实并不代表这种材料的强度高。例如玻璃很硬，但掉在地上马上就碎了，这说明玻璃虽然很硬，但它的强度很低。

当我们需要用很大的力气才能让某种材料断裂时，这说明这种材料的强度高。通常我们会用抗拉强度来描述材料的强度。

通俗地说，抗拉强度是指粗细均匀的材料在被拉断前承受的最大拉应力。

抗拉强度是一个大致的范围。在实际中，一种材料的抗拉强度的具体数值，可能会随着材料的种类、制作工艺以及外部环境条件的不同而有所变化。例如，某些特殊配方的天然橡胶可能会有更高的抗拉强度，而某些经过特殊处理的橡胶可能会有较低的抗拉强度。

而纳米材料的抗拉强度远超普通材料的抗拉强度。比如，碳纳米管是一种由碳原子组成的纳米级空心管状结构材料。碳纳米管理论上的抗拉强度超过 100 吉帕，是目前材料中抗拉强度最高的。我们日常生活常见的 304 不锈钢，其抗拉强度不小于 515 兆帕。相同粗细的条件下，碳纳米管的抗拉强度是 304 不锈钢的 100 倍以上，而质量却远小于 304 不锈钢的质量。

抗拉强度高、质量轻的碳纳米管，在航空航天、材料科学、电子器件等领域有着广泛的应用前景。

碳纳米管

碳纳米管名字的由来

碳纳米管中的"纳米"是指密密麻麻、像渔网的孔一样的小洞吗？

不是。

那是因为管子的长度是纳米级，所以给它取名"碳纳米管"吗？

也不是。

纳米，英文为 Nanometer，符号 nm。碳纳米管之所以得名，是因为这种管子的直径（粗细）只有几纳米。

我们说某种材料是由碳纳米管制成的，通常不是说它只由一根碳纳米管组成，而是说它由无数根这样的"管子"集合在一起组成。如果从"管子"的层数来划分，碳纳米管可分为单壁碳纳米管和多壁碳纳米管。也就是说，碳纳米管还有不同的类型，它们的抗拉强度也是不一样的。

纳米材料的优点

陶瓷是陶器和瓷器的合称，我们中国人使用陶瓷已经有好几千年的历史了。虽然普通陶瓷硬度高、价格低，但它有一个致命的缺点，那就是非常脆，一摔就碎。

现在，工程师们先把制作陶瓷的原料加工成纳米粉体，再用其制作陶瓷，结果制成的纳米陶瓷具有普通陶瓷不可比拟的优点——易碎性大大降低。

除此之外，纳米陶瓷还具有耐高温、耐磨等优点。正因为如此，人们利用纳米陶瓷做出了各种刀具。这样的刀具抗菌、无铅、无毒、耐腐蚀、永不生锈，不会与食物发生化学反应，切蔬菜水果和肉制品时，

普通陶瓷　　　纳米陶瓷

能保持它们的原汁原味，甚至可以长年不用磨。

刀具只是纳米陶瓷在生活中的一种应用。由于纳米陶瓷的优异性能，它已经在航空航天、生物和汽车发动机等领域有了广泛的应用。更神奇的是，某些纳米陶瓷还能吸收雷达波，所以一些隐形飞机的尾气喷管也用纳米陶瓷作为吸波材料，这样可以防止飞机被敌方的雷达识别出来。

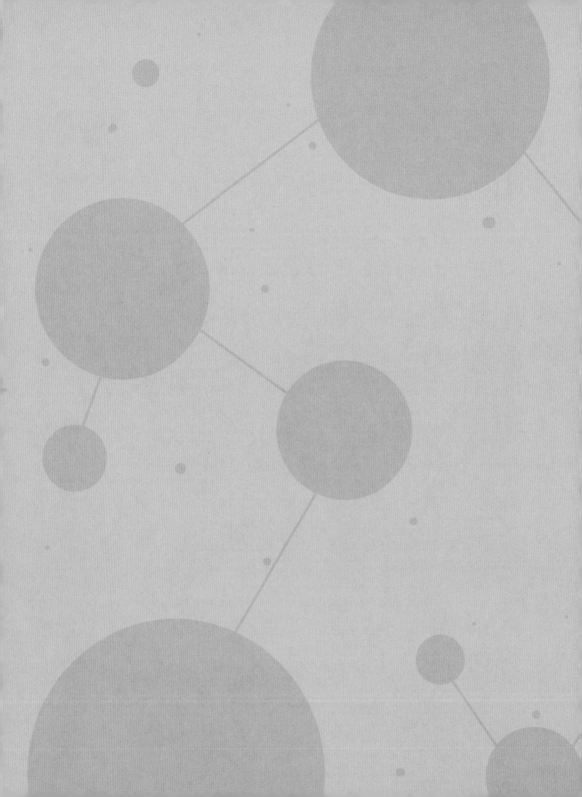

10^{-10} 米——
分子的王国

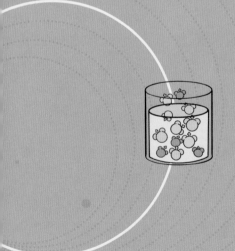

一个新单位

越过 10^{-7} 米和 10^{-8} 米尺度下的病毒世界，穿过 10^{-9} 米尺度下神奇的纳米世界，终于，无穷小游戏的进度条来到了 10^{-10} 米。

10^{-10} 米到底有多小呢？

前面你已经知道了，1 纳米就是 10^{-9} 米，也就是 1 米的十亿分之一。那么，10^{-10} 米就是 1 米的一百亿分之一，也就是 0.1 纳米。

很多时候人们普遍不喜欢小数点，当发现小数点的时候，会想办法把它消灭掉。要是能像微米、纳米那样，给 10^{-10} 米确定一个新单位并取新名字就好了。

科学家也是这么想的，他们真的给 10^{-10} 米确定了一个新单位并取了一个新名字，这就是埃，符号为 Å。

1 埃 = 10^{-10} 米

现在无穷小游戏已经抵达了埃的尺度。

当然，这里不是埃及，也没有金字塔。之所以叫埃，是因为要纪念瑞典物理学家埃格斯特朗，他发表了标准的太阳光谱，记录了数千条谱线的波长，奠定了光谱学的基础。

瑞典物理学家埃格斯特朗

埃的尺度下到底有什么呢?

答案是分子。

欢迎来到分子的王国!

分子

分子就在你身上。

通过学习前面的内容，你已经知道细胞是生命的基本单元，或者说是"积木"。此刻来到分子的王国后，你可以这么说了：

地球上，构成万物的最小积木，几乎就是分子。

为什么非得说"几乎"呢？因为还存在例外。而这个例外，我们会在后面的内容中介绍。

在分子的王国里，如果把每一种分子看作一个部落，那么这个王国里有上亿个不同的部落！

注意，上亿种不同的分子只是目前记录在册的，还有一些分子，科学家还没来得及给它们分类并授予它们正式的名字。但没有名字不代表不存在。

宇宙那么大，必然会有一些地球上没有的分

子。科学家还在实验室努力工作，以期创造出新的分子。可以确定的是，整个宇宙中分子的种类更多，远超上亿种。但到底有多少种呢？尚无确切答案。

除了种类多，分子还有一个特点也超出很多人的想象。那就是非常小。到底有多小呢？

世界上，甚至整个宇宙中，目前已知的最小的分子是氢分子，它由两个氢原子组成。所谓分子的大小，并不是一个确定的物理量，而是基于某些模型下的一些经验值。同一种分子，在不同的条件下大小可能不同。在大多数情况下，氢分子的大小为 2.94 埃，也就是 0.3 纳米左右。

而水分子不仅有两个氢原子，还有一个氧原子，当然会更大一些。我们每天都要喝数也数不清的水分子，所以我们有必要来认识一下它的模样。

水分子长得就像米老鼠的头那样：一个大球上有两个小球。

至于氢气分子长什么样？很简单，你把大球去掉，把两个小球连在一起，就是氢分子大概的模样。

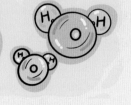

大家好！我就是水分子！

它从不停歇

如果老师问你树懒最显著的特点是什么，想必你会脱口而出：当然是懒了！是的，树懒是一种懒得出奇的动物！

那么如果老师接着问你，分子最显著的特点是什么？正确答案是：正好与树懒相反，分子是一种"勤快"得出奇的小粒子。所谓"勤快"，就是说分子总是在不停地运动，一刻也不停歇。

说起来你可能不信，任何一种分子从来没有

完全静止过，它们之间的区别不是动和静，而是动得快一些和动得慢一些。绝对静止的分子是不存在的。

不知道你注意到没有，生活中有很多关于分子运动的现象，比如，妈妈打开一瓶香水，很快在旁边写作业的你就会闻到一股香味，这是因为香水分子在空气中运动、扩散，被你闻到了。

比如，往一个装满水的玻璃杯里滴入一滴墨水，你会发现墨水迅速扩散，形成一幅奇妙的"水墨画"。

说到这里，你可能会问，分子在固体中还会运动吗？

当然，分子在固体中也闲不下来，依然在运动。

举个例子，小区里有人在冬季把煤堆放在墙脚，待春暖花开，取暖用的煤烧完后，你会发现墙壁变黑了。这是因为煤里的有机分子通过不停地运动，逐渐跑进了墙壁里面。

这个现象除了说明分子总是在不停地运动外，还告诉我们一个重要的事实：

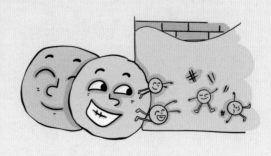

分子之间是有空隙的！

进一步，我们还能推断出：

气体分子间的空隙最大，液体分子间的空隙较小，而固体分子间的空隙最小。

这也是为什么香水分子能很快扩散到整个屋子里，墨水需要一定时间才能完全均匀地扩散开，而煤里的有机分子，则需要更长的时间才能慢慢地移动到另一个位置。

如何设计一个实验证明分子间是有空隙的?

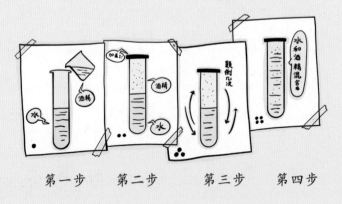

第一步　　第二步　　第三步　　第四步

第一步，先往一支试管里倒入 50 毫升的水。

第二步，往试管里倒入 50 毫升的酒精。此刻，试管里就有 100 毫升的液体了。

第三步，给试管加盖，将试管上下颠倒几次。

第四步，将试管静置一会儿，待水和酒精充分混合后，你会惊奇地发现，试管中的液体变少了，就像变魔术一样，不再是 100 毫升，竟然只有 97 毫升了。

问题是，那 3 毫升液体去哪里了？消失的是酒精还是水？如果酒精和水都没消失，液体怎么还会变少？

这个实验证明，分子与分子之间存在空隙，酒精分子和水分子互相填充了这些空隙。

举个例子，你将一整车的核桃倒入一整车的西瓜中，结果却发现大量的核桃填满了西瓜与西瓜之间的空隙。你可能只需要一辆车就可以把核桃与西瓜都拉走了。

安全提示

酒精是易燃、易挥发的液体，如果同学们要做这个实验，一定要在成人的帮助下操作。

133

无形的弹簧

将 50 毫升的水和 50 毫升的酒精混合并静置一会儿后，得到的液体只有 97 毫升。是水分子和酒精分子之间没有任何空隙了吗？

不是的，它们之间还有空隙。即使你想让它俩再靠近一些，分子间作用力也会让它们之间的距离很难再缩短。

什么是分子间作用力？

分子间作用力可以简单理解为分子之间相互吸引或排斥的力。其中一种是范德华力，是由荷兰物理学家范德瓦耳斯发现并命名的。范

德瓦耳斯 1910 年获诺贝尔物理学奖。

分子间作用力包括两种，一种是吸引力，一种是排斥力。并且，范德瓦耳斯说，这两种力是同时存在的。

当分子与分子之间的距离很近时，它们就会因为吸引力而聚在一起；当分子之间距离近到一定程度时，分子间的排斥力就会大于吸引力。

分子间作用力就好比分子之间一个无形的"弹簧"，当两个分子距离很远时，"弹簧"会把它们拉近，这就是吸引力；当两个分子距离很近时，"弹簧"会把它们推远，这就是排斥力。

设计两个小实验

如何观察分子间作用力？我们设计了两个实验，你在家里就可以进行。

第一个实验，用线吊起一块干净的玻璃，使玻璃水平地接触水面。

这时，如果你想把玻璃再吊起来，你会发现水和玻璃竟然"粘"在一起了，必须用比玻璃的重力更大的力往上提，才能重新吊起玻璃。

这是因为，玻璃表面的分子与水分子距离很近，产生了吸引力。

第二个实验，把两个干净且平整的铅块叠放在一起。铅块是没有磁性的，但稍微一用力压，你会发现两个铅块居然"粘"在一起了，甚至你把它们提起来，下方的铅块也不会掉下来。可见它们之间的吸引力是多么强啊！

在你面前有一杯水，虽然水分子之间有空隙，但你很难把一杯水压缩成半杯水；你的笔是塑料做的，虽然塑料里面的分子之间也有空隙，但你也很难将

笔压缩……这些都是分子之间有排斥力的体现。

　　当你来到分子的王国后，你会发现小得不能再小的分子，居然能用来准确地解释日常生活中的各种现象。

热的微观解释

生活中，人们常常用温度来表示物体的冷热程度。刚出锅的小笼包很热，其中的汤汁更是烫嘴，吃的时候一定要小心一些。问题来了，到底什么是热呢？

假如你回到 300 年前去问当时的人们，为什么有的东西是热的，有的东西是冷的？他们可能会毫不犹豫地告诉你，那是因为热的东西里有热素，冷的东西里有冷素。他们还可能发表论文，说火焰之所以会燃烧，是因为其中有燃素。

显然，这样的解释是不科学的。到底什么是热呢？ 18 世纪四五十年代，一个叫罗蒙诺索夫的俄国科学家给出了正确的答案：

热是物质内部分子运动的表现！

现在，我们用一些例子来解读一下罗蒙诺索夫这句言简意赅的话。

一块冰慢慢融化成水。这时你可以说，冰的表面变热了，所以冰融化成了水。

这种说法没有错，可是，它还没有指出现象背后的本质。如果你能像孙悟空一样缩小到分子大小并进入冰块里面，你会发现，冰块里面的那些水分子根本不知道什么是热。

冰块里面的分子在争先恐后做运动，加速冰块的融化

对于冰块里面的水分子来说，它们最关心的是自己的运动速度，如果运动速度快，它们就能摆脱冰块的禁锢，变成可以自由流动的水；如果运动速度再快一点儿，它们就能离开水面，跑到空中自由飞翔。

你看，热是什么是你关心的事情，运动速度才是水分子的追求。

因此，冷和热的根本区别在于物质内部分子运动的快慢。以水为例，如果水分子运动得慢，水的温度就低，如果水分子运动得再慢些，就不会到处乱跑了，而是原地踏步，于是，水就成了冰；如果水分子剧烈运动，水就开始沸腾、蒸发，变成气体。

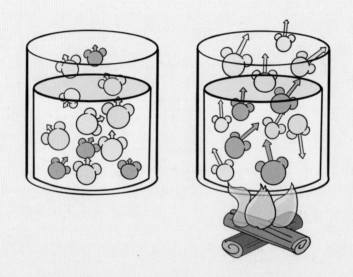

热热闹闹的蒸发

只有把水煮沸了才能让水分子跑出来吗？当然不是。

不知道你有没有注意到，放在窗台上的一杯水，要不了多少天就会变少。

还有，你晾晒的衣服往往很快就干了；你刚洗完头，要不了多久，头发就干了。这些现象背后的原因，都是水分子跑掉了。

那么，水分子到底是怎么跑掉的呢？

《费曼物理学讲义：第一卷》已经给你勾勒出了一个形象的画面。假如你摇身一变，变得只有水分子大小，然后飞到装满水的杯子附近仔细观察，你将会看到一番热闹的景象。

只见与杯口齐平的水面变得像大海一样，一眼望不到边。水面上并不平静，而是波涛汹涌，一些水分子像鲸一样不断地在水面上翻滚。一些运气好的水分子不知道从哪里借来的能量，它们的运动速度比其他水分子快多了，结果这些高速运动的水分子冲出了水面，逃到了空中，并向远方飞去，再也不回头。

水面上空也不平静，布满了密密麻麻的水分子，热闹极了！它们都是刚从水面上逃出来的，非常兴奋。不过，有的水分子高兴得昏了头，迷失了方向，又一头扎向水面。但不管怎样，逃离水面的水分子要远远多于返回水面的水分子。

这就是蒸发的"微观景象"。现在你知道了，所谓的蒸发就是运动速度较快的水分子逃离水面的过程。

蒸发与热量

到这里，新的问题又出现了。前面我们说过，水分子运动得越快，水就越热；水分子运动得越慢，水就越冷。但水蒸发时，那些高速运动的水分子逃离水面后，水面上只剩下那些运动速度较慢的水分子，这是不是说，蒸发会导致水变冷？或者说，水的蒸发会带走热量？

没错！事实就是如此。同理，下雨时衣服被淋湿，你会感觉很冷，这是因为你身上的热量被传导给水分子了，这些水分子逃离你的身体时，带走了你身上的热量，如果不能及时更换衣服，你就会着凉。如果是在野外，你还有可能会因为失温而死亡。

既然水蒸发时会带走热量，那么反过来，水从气体变成液体，或者水从液体变成固体，会不会释放热量呢？会的！

冬天时，我国北方人会把一大桶水拎到地窖里，这桶水在冻成冰的过程中，会源源不断地释放出热量，起到防止地窖里面的菜被冻坏的作用。

热量是如何产生的？

马路边，建筑工人们在切割钢筋，你会看到火花四溅，这些火花的热量是怎么产生的呢？原来电锯在高速运转时，与钢筋反复摩擦、碰撞，这会让构成钢筋的分子和构成电锯的分子运动速度加快，自然就产生热量了。这种现象叫摩擦生热。

冬天很冷，人们总是喜欢搓手，让手变得暖和起来。其中的道理也是一样的。

在远古时代，那时候还没有打火机和火柴，古人就利用钻木取火的方式来生火，用的也是摩擦生热的原理。

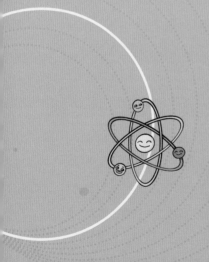

8

进入原子的尺度

原子比分子小吗？

10⁻¹⁰米这个尺度，除了分子，还有另一个主角——原子。分子是由原子组成的。

分子和原子的区别

分子和原子最大的区别在于，分子在化学反应中可再分，而原子在化学反应中不可再分。如果说分子是一个家庭，那么原子就是这个家庭中紧密联系的成员。

有的家庭结构简单，是常见的三口之家，成员很少，比如你每天都会喝的水分子，就是由两个氢原子和一个氧原子组成的；而有的家庭结构复杂，成员非常多，比如液化石油气的成分之一——正丁烷（C_4H_{10}），是由4个碳原子和10个氢原子组成的。

原子比分子小，这并不严谨

　　很多人误以为原子比分子小，这其实并不严谨。大多数原子的直径在 0.2~0.5 纳米，也属于 10^{-10} 米的尺度。因此，仅从直径大小来说，两者相差不大；但要从质量比较，原子小于分子。

不可毁灭

原子的三大特点

单个独立的原子很小，目前，科学界普遍认为原子像一个球。原子半径是描述原子大小的参数之一，主要受电子层数和核电荷数两个因素影响。一般来说，电子层数越多，核电荷数越小，原子半径越大。

除了小，原子的另一个特点就是多。在 7 的后面连续加上 27 个 0，即：

700000000000000000000000000000

这个数大约就是普通人身上的原子数量。

而如果在 1 的后面连续加上 80 个 0，即 10^{80}，这大约就是宇宙中所有原子的数量。

除了小和多，大多数原子还非常长寿。原子

有多长寿呢？拿人的寿命跟它相比行吗？不行。

那么拿千年老龟的寿命与它相比行吗？

还是不行。

你得拿宇宙的年龄与它相比！

经过几次修正后，目前科学界普遍认为宇宙的年龄约为138亿年，这可真是一个巨大的数字。

然而，宇宙的年龄跟原子的寿命相比，简直就是小巫见大巫。英国著名天体物理学家马丁·里斯说，一些原子的寿命大约是 10^{35} 岁。

呜呼哀哉！人的寿命如果是 10^2 岁，已经是不得了了。这样看来，人的寿命跟原子的寿命，差了至少 10^{33} 倍，可见人生之短暂。因此，人生苦短，更不可荒废，我们还是好好读书吧！

即使把宇宙的年龄跟一些原子的寿命相比，宇宙也只是"昙花一现"而已。

原子如此长寿，以至于我们可以用一个非常大气的词来形容它，那就是：

不可毁灭！

有趣的推论

你看，原子那么多，你所看到的任何物品都是由原子组成的。此外，原子又是那么长寿。据此你能推导出一个很有趣的结论：

曾经构成恐龙的那些原子，现在构成了你的身体。

那么，你到底是马门溪龙的原子构成的呢，还是霸王龙的原子构成的呢？

更进一步地说，你身体中的原子，也可能来自莎士比亚身体中的原子。

仔细想想，这是一件多么神奇的事。曾经构成恐龙的那些原子，现在构成了你的身体；现在某棵小草、某条小狗身上的一些原子，未来也可能会通过物质循环和食物链，成为你身体的一部分。从这个角度来说，人和草木、鸟兽之间并没有什么本质的差别。

原子，让万物平等！

因为地球上的一切，无论高低贵贱，都是由原子组成的。

原子无处不在

原子的种类

我们已经说过，目前记录在册的分子有上亿种。

现在你又知道了，整个宇宙中的原子数量大约是 10^{80} 个，既然原子的数量如此庞大，想必原子的种类也是不计其数吧！

事实恰恰相反！

在没有为原子分类前，人们只能说"这种原子""那种原子"。显然，这很麻烦，也没有章法。为方便称呼，人们就把同一类原子叫作元素。

例如，所有的氢原子都是同一种元素——氢；所有的氧原子，也都是同一种元素——氧……

经过分类后，科学家发现原子的种类不多，也就是元素很少。地球上常见的天然元素也就 92 种，加上后来科学家陆续合成的几十种元素，可以肯定的是，宇宙中的元素也就 100 多种。而且，这 100 多种元素可以按照从小到大的顺序一一排列。

给元素排座次

给元素排座次不是一件容易的事情，甚至比给梁山好汉排座次更困难，因为有些元素是稀有气体，有些元素是稀土元素，还有些元素是不稳定的放射性元素，这些元素都难得一见，它们的原子量都还没有被测准，"脾气"就更难被掌握了。该怎么办呢？

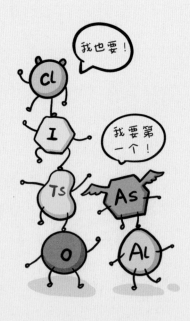

元素虽"脾气"不同，但都想排第一

俄国化学家门捷列夫为解决这个问题奋斗了一生。他根据每一种元素和它的原子量制作出一张张小卡片，将其排列组合，希望找到不同元素之间的规律，可反复探索却毫无头绪。他只能走出国门，1859 年去德国学习物理化学；1862 年去油田考察，重新测量元素的原子量；1867 年去欧洲各国的化工厂和实验室考察。然后他返回自己的实验室深入思考，甚至因为大脑过度紧张，常常想问题想得昏过去。最终，功夫不负有心人，1869 年，门捷列夫发现了元素周期律，制作了人类历史上第一张元素周期表，把当时已经发现的 63 种元素全部填入这张表中。甚至，他还在表格中留下空位，预测了尚未发现的一些元素，这就是后来发现的钪、镓、锗等元素。

门捷列夫的经历告诉我们，科研是一种职业，科学家并非天才，他们只是努力探索自然奥秘的普通人。

你也可以成为科学家哦，加油！

元素各不相同

座位相近的元素，它们只是胖瘦差不多，也就是原子量差不多，但特征却不一定相近。

举个例子，汞元素的座位号是 80，金元素的座位号是 79，你看，它俩就像同桌那样紧挨着。然而，汞这种物质在常温下是液体，像水一样可以流动，并有

门捷列夫

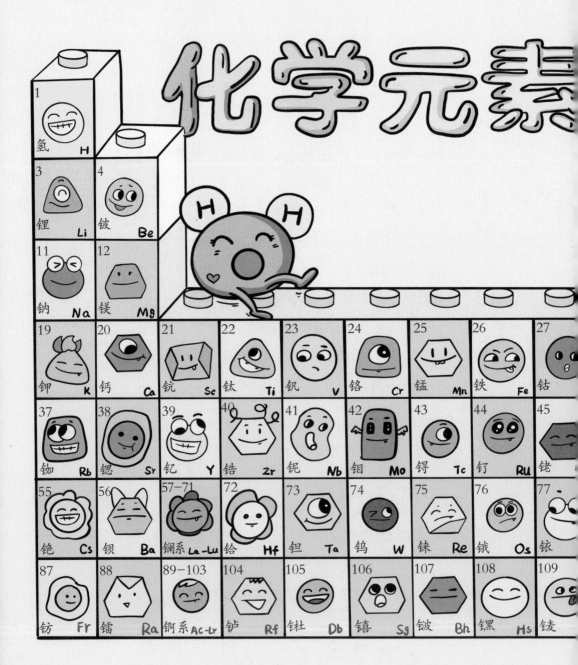

着白银一样的光泽，所以它的另一个名字是水银。但是金呢？它是固体，有着金黄色的光泽。

元素生万物

让人纳闷的是，地球上有 92 种常见的天然元素，可为什么它们却能组合成上亿种不同的分子？

这是因为不同元素的原子可以互相组合，它们一组合就千变万化了。两个氢原子跟一个氧原子组合在一起，就成了水分子；一个碳原子和一个氧原子组合在一起，就成了一氧化碳分子；一个碳原子和两个氧原子组合在一起，就成了二氧化碳分子……

中国古代思想家、哲学家老子所著的《道德经》，第四十二章中有这么一句话堪称经典：

"道生一，一生二，二生三，三生万物。"

如果把老子说的"三"看成是地球上 92 种常见的天然元素。那就是：

元素生万物！

你就会不由地赞叹：老子真是太有智慧了！在 2000 多年

前，他就知道了万物是如何形成的。

拓展阅读

碳元素是一种神奇的元素。昂贵的钻石是由碳元素组成的，廉价的石墨也是由碳元素组成的，还有你写字用的铅笔芯和烤烧烤用的炭，其主要成分也是碳元素。

为什么由同一种元素组成的物质，硬度却差别很大？这是因为在钻石和石墨中，碳元素的原子组合结构不同。在钻石中，碳原子形成一个正四面体，一个个正四面体组合成连续的网状结构，相互之间连接十分紧密，这就是钻石坚硬的原因。而石墨中，6个碳原子形成一个六边形，一层层的六边形相互之间连接不紧密，很容易滑动，因此你写字的时候，一层层的石墨就会掉下来。

宇宙第二多元素

虽然原子的数量近乎无穷多，但它们的种类——元素其实只有 100 多种。一个有趣的问题是，宇宙中哪种元素最多？

非氢元素莫属！

那么宇宙第二多元素是谁呢？答案是氦元素。

这是一种怎样的元素？它有着怎样的身世？

别看氦元素在地球上的含量极少，但在茫茫宇宙中，它却是第二多元素。而氦元素的"氦"字，源于希腊语，原意是太阳。为什么氦元素与太阳有关呢？原来，1868 年，法国天文学家皮埃尔·让森在用分光镜观察太阳表面时，发现了一条黄色谱线，他认为这是太阳上的某种未知元素发出的，因此用希腊语中的太阳来命名这种元素。

在常温下，氦是一种无色、无味的气体。它被加热时会发出深黄色的光。氦是惰性元素，极不活泼，大多数情况下不跟其他元素结合，这就注定了氦元素在一生的大多数情况下是孤独的。

孤独是人生常态。

直到 20 世纪，科学家都认为惰性元素化合物并不存在。

2017 年，发表在《自然》杂志的一篇论文宣布，一个国际团队通过高压成功迫使氦元素"脱单"，合成了一种钠氦化合物（Na_2He）。

不过对人类来说，氦元素这种不活泼的性格也是很有用的。比如，以前的白炽灯通电后，其金属灯丝的温度极高，由于灯泡里往往有很多空气，烧得通红的金属灯丝和空气中的氧气

小知识

每种元素都有它特别的光谱，不同的元素及其化合物在燃烧时会发出不同颜色的光。这种现象叫作焰色反应。比如，铜被加热时，会发出祖母绿颜色的光；锂被加热时，会发出深红色的光。化学元素的焰色反应是一种物理变化，并未生成新物质。

发生反应，导致灯泡的寿命极短：往往用不了几分钟，金属灯丝就被烧断了。这样的灯泡根本没有实用价值。

聪明人想到了惰性元素氩，他们把氩气充入灯泡中，烧红的金属灯丝和氩气没有发生任何反应。所以，灯泡的寿命就大大延长了。

你听过氢气球吧！把氢气充入气球，气球就会升上天。不过，氢气易燃易爆，性格极其刚烈，与邻座的氦元素正好是两个极端。历史上，因为在飞艇中充入氢气，引发过好几起惨烈的事故。所以现在的飞艇早已摒弃了氢气，充入的是安全的氦气。悄悄告诉你，街上卖的能飞起来的气球，里面充的也是氦气。

氢元素性格刚烈

氦气液化的奇怪现象

在所有的气体中，氦气是最难液化的。过去，科学家费了九牛二虎之力，也没能把氦气变成液体，以至于当时的人们认为，氦气是一种"永久气体"，可能永远都不会变成液体。后来，随着低温技术的发展，当人们经过多年的努力，把温度降到零下 268 摄氏度以下时，氦气终于变成了液体。

要知道，零下 273.15 摄氏度是绝对零度，氦气液化的温度已经接近绝对零度。

取一杯液体氦，即使继续降低液体氦的温度，液体氦也不会变成固体氦。杯子里出现了一种奇怪的现象：液体氦竟然沿着杯壁往上流！

我们马上就自由了！

　　不仅如此，液体氦还流到杯子外面，然后顺着杯壁流到杯底，一滴、两滴……没过多久，杯子里面的氦液体就流完了。这是怎么回事呢？

　　后来，科学家才知道，此时的氦已经变成了一种超流体。

原子的结构

小空间里有大乾坤，这句话很适合用来形容原子的结构。

原子非常小，但它的内部结构却极其精妙。

所有的原子都有一个位于中心的原子核，以及绕原子核运转的一群电子。

说到这里，恐怕你马上会联想到太阳系。你还别说，原子的这种结构跟太阳系确实很相似。

原子核相当于太阳系中心的太阳，电子就像绕太阳旋转的行星。

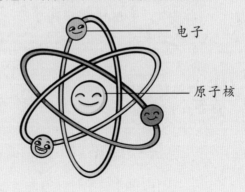

电子

原子核

太阳的质量约占整个太阳系总质量的 99.86%，地球、火星等八大行星及其卫星的质量之和，对太阳来说是微不足道的。

而在原子中，情况也相似，原子核的质量占原子质量的 99.9%，换句话说，原子核外面的一群电子的质量加起来也只占原子质量的 0.1%。

说完了原子结构与太阳系的相似之处后，我们再来看看它们有哪些不同之处。

就拿我们脚下的地球来说，地球很规矩，不会到处乱跑，它绕太阳旋转时有一个确定的轨道。然而，绕原子核运转的电子就不一样了，它们没有确定的运转轨道，一会儿在这里出现，一会儿又在那里出现，简直是神出鬼没。

另外，你永远都不会知道，这些电子下一秒会出现在哪里。因此，科学家只能这样去描述电子：它在这里出现的概率是 10%，在那里出现的概率是 90%……反正它逃离不了原子核的控制，就像太阳系中的行星永远逃不出太阳的势力范围。

经过不懈的努力，目前科学家已经能够非常精确地预测各种天象出现的时间。比如，科学家精确地预测出，2034 年 3 月 20 日，太阳、月球和地球将会连成一条直线。到那时，月球将会把太阳射向地球的一部分阳光挡住，地球上某些地区的人们在大白天将陷入伸手不见五指的黑暗，太阳就像被月球吃了一样，这就是日全食。

　　你看，科学家多厉害，他们甚至能精确地预测出几十年、几百年后太阳系的样子。但是微观世界的运行规则还没有被科学家所认识。科学家没有办法精确地预测出电子的行踪，甚至可能永远都办不到。别说 1 秒后电子会出现在哪里，就是下一个 0.01 秒后电子会出现在哪里，你也没办法知道。一直以来，科学家都拿这些神出鬼没的电子毫无办法。

　　至于某个原子的原子核外面到底有多少个电子，这只跟该元素在化学周期表中的座次有关系。

比如，氢元素的座次排第一，所以氢原子核的外面有 1 个电子；氦元素的座次排第二，所以氦原子核的外面有 2 个电子；铀元素的座次排第九十二，那么你也知道了，铀原子核的外面共有 92 个电子……

9

一路向下

空空如也

10^{-11} 米

在原子的世界游览一番后，无穷小游戏的进度条也越过了 10^{-10} 米，接下来你将继续缩小，开始新的旅程。

去哪里呢？显然是 10^{-11} 米这个尺度。毫无疑问，10^{-10} 米是 10^{-11} 米的 10 倍，即：

$$10^{-11} \text{米} \times 10 = 10^{-10} \text{米}$$

地球的赤道直径约为 12756 千米，土星的赤道直径，也就是土星"腰围"最大的地方直径是 120536 千米。因此，我们可以粗略地认为，土星的赤道直径是地球的 10 倍。

假如把原子的直径 10^{-10} 米这个尺度看成图中土星的尺度，那么我们即将要进入的 10^{-11} 米这个世界的尺度，就类似地球的尺度。

10^{-11} 米这个尺度的世界，有哪些粒子呢？科学家找了一圈，没发现任何粒子。这太令人奇怪了！

10^{-12} 米

于是，我们继续缩小，跟着科学家进入了无穷小游戏更小的 10^{-12} 米的世界。

10^{-12} 米也叫皮米，即 1 米的一万亿分之一，这个尺度下有什么粒子吗？

很不幸，还是没有。全世界的科学家围绕这个尺度努力探索，却还是没有发现对应的粒子。

这就麻烦了，无穷小游戏进行到这里后，我们竟然发现这里空无一物！怎么办呢？我们只能继续缩小，进入 10^{-13} 米的世界。

10^{-13} 米

不难理解，10^{-11} 米是 10^{-13} 米的 100 倍，也就是：

$$10^{-13} \text{米} \times 100 = 10^{-11} \text{米}$$

太阳的直径为 1.39×10^6 千米，约是地球直径的 109 倍。假如我们把原子的直径 10^{-10} 米这个尺度看成图中太阳的尺度，那么 10^{-13} 米这个世界的尺度，大约就是比图中地球大一点儿的尺度。

好了，我们都已经

兄弟你在哪呢？

我在这儿！

地球

太阳

进入这么小的世界了，现在这里总该出现一些粒子了吧？

很不幸，依然没有。

科学家至今仍未在 10^{-13} 米这个尺度发现对应的粒子。这太奇怪了！难道无穷小的世界都是空空如也的吗？

前面说过，所有的原子都是由位于中心的原子核和绕原子核运转的一群电子构成的。原子核的质量占原子质量的99.9%，那么原子核到哪里去了？这到底是怎么回事呢？

这就要归结到原子核的大小了。

原子核的大小与组成

同学们请注意，无穷小游戏的进度条已经拉到 10^{-14} 米了。这下，我们进入了原子核的世界！

$$10^{-14}=0.01 \times 10^{-12} \text{ 米 } =0.01 \text{ 皮米。}$$

新单位：飞米

你还记得吗？人类不喜欢小数点。

为便于讲述目前这个极度微小的世界，这里有必要引入一个新的长度单位——飞米。它与米的换算关系如下：

$$1 \text{ 米 } =1000000000000000 \text{ 飞米}$$

仔细数数 1 的后面有几个 0？没错，1 的后面有 15 个 0。换言之：

$$1 \text{ 飞米 } =10^{-15} \text{ 米}$$

既然 1 飞米等于 10^{-15} 米，那么显然，10 飞米就是 10^{-14} 米了。也就是说，我们的无穷小游戏目前已经来到了 10 飞米的尺度。

这就是原子核的尺度，由于世界上有 100 多种不同的原子，因此原子核的种类也很多。种类多了，原子核难免就有大有小。

原子核的大小

经过大量的研究和测量，科学家发现，不同种类的原子核，它们的直径为 3~15 飞米。

假如把一个原子比作可以容纳 9.1 万人的国家体育场（又名"鸟巢"），那么原子核就像国家体育场观众席上的一只小蚂蚁。它的体积只占整个原子体积的几千亿分之一。

你看，原子已经非常小了，可没想到，它内部的绝大部分空间居然是空空荡荡的。这有点儿类似我们的太阳系，超过 99% 的空间都是空无一物的。

从某种程度上说，太空就是太空旷了的意思。

当然，说太空空无一物，这在科学上是不恰当的，因为太空里面还有大量的肉眼看不见的粒子，所以这里只是一个类比。

原子核的组成

当然，原子核和太阳不一样，你不能把原子核想象成一个绝对完美的球体，因为原子核是由许多"小球"组成的。

原子核

这些"小球"又是什么呢？它们就是质子和中子。

前面已经说了，某个原子的原子核外面到底有多少个电子，跟该元素在化学元素周期表中的座次有关系。比如，氢元素的座次排第一，所以氢原子核的外面有 1 个电子；氦元素的座次排第二，所以氦原子核的外面有 2 个电子……

问题又来了，对于某种元素来说，它的座次又是由谁来决定的呢？是门捷列夫吗？不是。决定元素座次的，是原子核里面的质子的数量。

如果某个原子的原子核里只有 1 个质子，那么该元素在元素周期表中的座次排第一。不用问，它就是氢原子！

如果某个原子的原子核里有 2 个质子，那么该元素在元素周期表中的座次排第二。不用问，它必然就是氦原子了。

如果某个原子的原子核里有 8 个质子，那么该元素在元素周期表中的座次排第八，它就是我们须臾不可离开的氧原子。

……

到这里，你可能会纳闷了。既然原子核里有中子和质子，凭什么是以质子的数量给元素定座次，而不是以中子的呢？这公平吗？

公平！

因为中子这个家伙不够严肃，或者说它太随意。我们举个例子来说明。

氢原子的原子核里只有 1 个质子，原子核外有 1 个电子，你瞧，1 对 1，这多完美。

可是，有的氢原子的原子核里，有时会入住 1 个中子，有时又会一下子入住 2 个中子。

还有铀原子，其原子核里都只有 92 个质子，但中子的数量太不固定了：最少有 122 个，最多有 150 个。你算算就会知道，在中子的数量 122~150 个范围内，相应的铀原子至少有 29 种。

中子的这种随意性，给原子的命名工作增加了难度。显然，如果氢原子的原子核里没有中子，它的名字就很好取了，就是氢原子。然而，因为中子的"捣鬼"，科学家不得不增加 3 个名字，它们就是氕（piē）、氘（dāo）、氚（chuān）。

仔细观察这 3 个字的结构，你应该能将它们的原子结构一一对应起来。

氕：原子核里只有 1 个质子的氢原子。

氘：原子核里有 1 个质子和 1 个中子的氢原子。

氚：原子核里有 1 个质子和 2 个中子的氢原子。

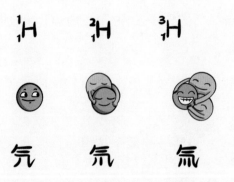

　　同理，如果要给所有铀原子命名，就得基于铀字造出 29 个不同的字来，这太不现实了！为了让同一种元素的不同原子都有自己的名字，科学家把它们称为同位素。

　　同位素，顾名思义，就是座次相同的元素。显然，它们是同一种元素。氕、氘、氚这 3 种不同的原子，同属响当当的第一号元素。但它们三者又是什么关系呢？答案是，它们互为同位素。

进入质子和中子的世界

穿过 10 飞米，也就是 10^{-14} 米这个尺度，我们继续在无穷小游戏中闯关前进。去哪里呢？

我们其实已经有目标了。既然原子核是由质子和中子构成的，那就进入质子和中子的世界，看看它们俩到底有多小。

10 飞米是原子核的尺度，如果缩小到 1 飞米，即 10^{-15} 米时，是不是这个尺度就对应着质子和中子的尺度呢？

没错！

质子的半径

质子有多大？不同的观测手段测得的结果是

不一样的。质子的半径具体分为电荷半径和质量半径。目前，科学家已经精确地测量出了质子的电荷半径，但对质子的质量半径还了解甚少。因此，我们提到质子的半径，一般是指质子的电荷半径。研究发现，目前测得质子的半径为 0.8482（38）飞米！

这么小的半径，科学家是怎么测出来的呢？这是一代又一代的科学家付出多年的时间和精力，突破一个又一个的技术难题之后，才测出来的。

因为质子实在是太小了，要想精确测量它的半径，难于上青天。

"质子"这个词源于希腊语，原意是"第一"。1919 年英国物理学家卢瑟福首次发现了这种粒子，并给它命名。

从卢瑟福第一次发现质子到现在，已经过去 100 多年了。然而关于质子的大小，科学界一直争论不休。

千万别以为科学家是无所不能的。为了测量质子的半径，科学家努力了上百年，穷尽各种办法，付出了艰苦卓绝的努力。

直到 2008 年，科学家借助各种先进的方法和仪器进行测量，质子的半径才有了一个差不多一致的测量结果：0.8768飞米。

可是到了 2010 年，科学家使用其他方法测得的结果却是 0.8418 飞米。也就是说，质子"变小"了。

那么，质子的半径到底是 0.8768 飞米，还是 0.8418 飞米呢？这就成了一个谜，科学界称之为"质子半径之谜"。

为了解开这个谜，科学家在飞米这个尺度的世界里积极探索。2020 年，德国的科学家利用绝大多数人都没有听说过的一项新技术，即"高精度光学频率梳技术"，再次提高了质子半径的测量结果精度：

质子的半径为 0.8482（38）飞米！

这一测量结果的精度是之前所有测量结果的 2 倍。

基于这个测量结果，我们可以得出质子的直径为 1.6964 飞米。

1 飞米对应 10^{-15} 米这个尺度，0.1 飞米则对应 10^{-16} 米这个尺度。从直径、半径的大小来说，质子的世界对应着 10^{-15} 米和 10^{-16} 米两个尺度。

中子和质子的不同

说完了质子，我们再来看看中子。中子的大小跟质子差不多，其半径约为 0.8 飞米。对于这个测量结果，科学家的争议并不多，因为人们并没有听说过"中子半径之谜"。

根据目前的测量结果，质子的体形比中子大一些。那么它们的质量谁更大呢？

中子质量：$1.674927471 \times 10^{-27}$ 千克。

质子质量：$1.672621923 \times 10^{-27}$ 千克。

上面的数字太长，我们用另一个单位"u"来表示中子与质子的质量。"u"是原子质量的单位。

中子质量：1.008665u。

质子质量：1.007276u。

无论用哪种单位表示，中子都要重一些，你是不是很意外？

除了在大小、质量上稍微有一点区别外，中子和质子还有一个更显著的区别：带不带电荷。

每一个质子都带电荷，而中子却像它的名字一样，是中性的，不带电荷。你瞧，科学家给这些粒子

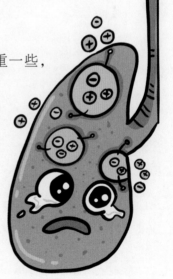

取名时，并非随便拍脑袋决定的。

既然是电荷，那么就有正负之分。质子到底是带正电荷还是带负电荷呢？

回答这个问题之前，我们先思考一下，电子带的是什么电荷？

答案是带负电荷。每一个电子都带着一个负电荷。

现在，你应该猜到质子带什么电荷了吧。显然，每一个质子都带着一个正电荷。

氧原子中，原子核里的 8 个质子共拥有 8 个正电荷，而绕着原子核运转的 8 个电子共拥有 8 个负电荷。正负相抵，所以无论是单个的氧原子，还是两个氧原子组合而成的氧气分子，都是不带电荷的。

否则就麻烦了。

比如，一个氧原子出于某种原因丢失了 2 个电子。此时，因为原子核内有 8 个正电荷，原子核外却只有 6 个负电荷，这就多出了 2 个正电荷。这样的氧原子就是带正电荷的。

假设你此刻吸进肺里的大量氧气，其氧原子都丢失了 1 个或 2 个电子，那么你会大喊一声："哎呀！"

因为你被电疼了。

结合能

你知道吗？空气中的水蒸气凝结成水时会释放能量，而水结冰时也会释放能量，这种能量从广义上来说叫作结合能。

你也可以把上述过程逆转过来，比如，你把水变成水蒸气需要加热（消耗能量），你把冰融化成水也需要加热（消耗能量），所以，这个逆转过程一定会消耗能量。

上面的例子，适用于分子与分子之间，而在更小的原子世界中，其实也是如此。

比如，一个质子和一个电子结合成一个氢原子时，会释放出 13.6 电子伏的能量；而两个氢原子结合成氢气分子时，会释放出 4.5 电子伏的能量；还有，一个碳原子和两个氧原子相遇时，在高温或可燃条件下，它们结合成二氧化碳分子，过程中会发光和发热，并释放出能量。

这里，你也可以这样认为：

燃烧过程伴随着分子结合和能量释放。

微观粒子结合在一起时都会释放出能量，这叫作结合能。问题来了，结合能的能量是从哪儿来的呢？

根据爱因斯坦提出的质能方程，我们知道，能量的产生必然伴随着质量的亏损。

物理学家徐一鸿在其著作中这样写道：事实上，在烧一截木头时，如果我们仔细地称量了木块、灰烬、炭渣和闪着火焰的热气的质量，就会发现有一小部分质量消失了，它们被转变成能量了。

只是，在碳原子和氧原子结合成二氧化碳分子这类现象中，质量亏损极少，难以计量，所以在描述化学反应时，我们通常不说结合能，而说化学能。

即便如此，我们也要试着从一个更宏观的角度来认识质量和能量的关系。正如物理学家保罗·戴维斯在他的书中所言：质量就是锁闭起来的能量，而能量就是释放了的质量。这就是说，质量和能量在本质上是一回事。

　　既然分子之间、原子之间的结合都能释放出能量，那么在原子核的内部，质子和中子的结合是不是也会释放出能量呢？

　　这个问题我们可不敢随便回答，得通过一番数学验算后才能知晓答案。

　　氘核是由一个质子和一个中子结合而成的，而质子和中子的质量如下所示：

　　质子的质量：1.007276u。

　　中子的质量：1.008665u。

　　则它们结合在一起后，总质量应该是 2.015941u。

　　这个结果对吗？它在数学上是对的，但却不符合现实。因为事实上，一个氘核的质量为 2.013552u。与理论上的数值相比，实际的氘核质量变小了。

　　小了多少呢？算算就知道了。

$$2.015941u - 2.013552u = 0.002389u$$

　　这下你知道了吧！当一个质子和中子结合在一起后，其总质量减少了 0.002389u。奇怪了，减少的这一点儿质量跑哪儿了？

　　你可能已经猜到了，当一个质子和一个中子结合成氘核后，其总质量虽然只减少了一点儿，但这一点儿质量其实并未真正消失，只是转化成了能量而已。根据爱因斯坦提出的质能方程，一个质子和一个中子结合时释放的能量为 2225000 电子伏，这相当于一个碳原子和两个氧原子结合，也就是燃烧释放出的能量的 54 万倍。

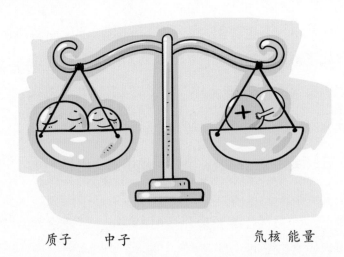

质子　　中子　　　　氘核 能量

54 万倍！这太不可思议了！你可能会想，既然质子和中子结合时释放的能量如此巨大，如果能利用它们发电，那二氧化碳浓度上升导致的温室效应将不复存在。

恭喜你，你跟各国的科学家想到一块儿去了，有"人造太阳"之称的托卡马克核聚变实验装置——中国环流器二号 M 装置，还有建在欧洲的国际热核聚变实验堆，都像太阳那样源源不断地释放能量！

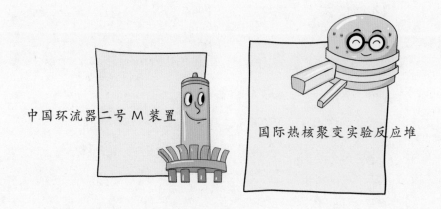

中国环流器二号 M 装置

国际热核聚变实验反应堆

太阳持久"燃烧"的能量来源

几百年前，人类并不知道太阳为何能"燃烧"那么久，向整个太阳系释放出如此巨大的能量。那时，人们猜测太阳就是一个大煤球。

最早把太阳看成大煤球的是一个德国人，叫迈尔，是个医生。经过计算，他发现如果太阳是一个大煤球，它顶多能燃烧 4600 年。

显然，这个结果不科学，人类文明的历史就不止 5000 年，难道恐龙生活的时代就不算了吗？所以，太阳肯定不是一个大煤球。

迈尔只能抛弃"煤球说"，但他又提出了另一种说法——"陨石说"。他认为，太阳之所以这样光芒万丈，是因为有大量的陨石和小行星撞击太阳，从而释放出如此多的能量。

不过，科学家们经过计算后发现，撞击太阳的物质，每克可以提供 1.9 亿焦耳的能量。要想让太阳一年四季都持续发光，每年必须有相当于地球质量百分之一的物质撞击太阳。如此来看，太阳质量每年都会增加，太阳的引力必然也会增加，这样一来，地球围绕太阳转的轨道就会逐渐改变。对此，天文学家们不乐意了，他们对照了地球和其他行星的轨道，却发现地球的轨道很稳定。所以，"陨石说"是说不通的。

那么，发光发热几十亿年的太阳，它的能量到底来自哪里呢？

来自核聚变！

这里的"聚"指聚合，就是前文提到的结合的意思。当一个质子和一个中子结合在一起时，你也可以说它们聚合在了一起。

需要注意一点，上文说"当一个质子和一个中子结合在一起"，只是为了方便大家理解。现实中，太阳里的核聚变可不是这样的，而是在极端高温下，从原子核中脱离出来的 4

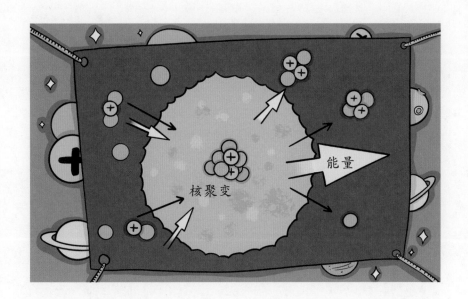

个自由质子，经过好几个步骤后，最终才聚合成一个氦原子核。

太阳的核心深处是一个巨大的超级核聚变反应堆，平均每秒有 3.7×10^{38} 个质子结合成氦，并释放出巨大的能量。而这些能量，只有二十二亿分之一传到了地球上。但就算这样，太阳每秒辐射到地球上的能量，相当于燃烧 500 万吨煤释放的能量。

这足够地球上所有的生命繁衍生息了。

核电站的原理

通过核聚变，太阳内部的氢元素变成了氦元素。不过请注意，氦元素只是太阳中核聚变的一种产物而已。经过一步步核聚变后，太阳里面还逐渐生成了氧、碳、氖、铁等元素。

铁的原子序数为 26，而前面提到的铀，其原子序数为 92。那么，像铀这样的重元素也能在太阳里面生成吗？不能！

这是为什么呢？

你看，如果你把铁原子核看作中等大小的葡萄串，那么铀原子核就是超大的葡萄串。要形成超大的葡萄串，只能将两串中等大小的葡萄结合在一起。这个过程会在超新星爆发时实现，而太阳没有超新星爆发，因此太阳不具备生成重元素的条件。

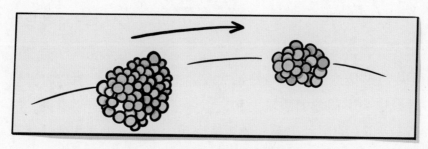

铀原子核和铁原子核

我们已经知道，核聚变会释放巨大的能量。那么反过来，一个铀原子核分裂成两个质量稍小的原子核，是不是会释放出能量呢？

是的，这个过程就是核裂变，全世界所有投入商业运行的核电站，都是通过铀、钍这些重元素的核裂变产生电力的。

除了核电站，原子弹的威力之所以那么大，也是因为它通过铀或者类似铀这样的重元素的核裂变产生了巨大的能量。

你还可以通过另一种方式了解核裂变的原理。

铀元素在元素周期表中排在第九十二位，所以铀原子的原子核里面有 92 个质子，除此之外还有很多中子。但中子的数量不固定，有的铀核中有 146 个中子，146 加上 92 等于 238，因此这类铀原子被称为铀 238；而有的铀核中有 143 个中子，143 加上 92 等于 235，这类铀原子被称为铀 235。

假如我们把一个原子核比作一串葡萄，那么铀 235 就相当于一大串葡萄。

当你把这一大串叫作铀 235 的葡萄分成两串葡萄时，按理说这两串葡萄的质量之和应该等于一大串葡萄的质量。但事实并非如此，两串葡萄的质量之和小于一大串葡萄的质量，减少的质量就会转变成巨大的能量。

看来，不能小看原子，因为它们蕴含着巨大的能量。没有了外来能量的输入，组成人体的一群原子将变成毫无联系的独立原子，而人的生命也将就此终结。

10

陷入无穷小

电子

穿过 10^{-15} 米和 10^{-16} 米两个尺度，我们的无穷小游戏继续深入，前往 10^{-17} 米的世界瞧瞧。

10^{-17} 米这个尺度的世界有什么粒子呢？

很遗憾，什么都没有。

那我们只能继续深入到 10^{-18} 米的世界。在这个尺度的世界里，我们总该找到对应的粒子了吧？

很遗憾，依然没有。

不会吧！难道我们的无穷小游戏已经通关了吗？我们已经抵达真正意义上的无穷小世界了？

可是，前面不是还提到了一个叫电子的家伙吗？它的大小总该有一个确切的数字吧？

很遗憾，电子的大小没有一个确切的数字。

如果你现在是一名高三的学生，那么你会发现一个奇怪的现象，高三的物理教材在介绍各种基本粒子时，竟然没有提到电子的大小。

这是什么意思？你不会想说电子是没有大小的吧？

恭喜你，答对了！

大多数物理学家认为，电子是一种点粒子，它没有任何空间延伸，所以是一种基本粒子。

通俗地说，如果一种粒子不再由其他更小的粒子构成，那么这种粒子就是基本粒子。

我们来举几个例子。

人体由无数细胞构成，那么，细胞是基本粒子吗？不是，因为所有细胞都是由分子组成的。

分子是基本粒子吗？也不是，因为所有的分子都是由原子组成的。

原子是基本粒子吗？很多年前，人们认为原子就是基本粒子，但现在你知道了，它不是。因为原子是由电子、质子和中子组成的。

电子是基本粒子吗？是的，因为目前全世界的科学家并未发现电子是由其他更小的粒子构成的。

可是，就算电子是基本粒子，它也必然有大小呀！没有大小，它怎么存在？难道它占据的空间为零？真的存在不占空间的基本粒子吗？

别急，关于电子的大小，很多科学家曾经比你还要困惑。

在理论物理领域，电子究竟有多小是一个极具争议性的问题。如果电子是有大小的，由此推导出来的结论可能会与爱因斯坦的相对论冲突。然而，如果假定电子的半径为 0，这又会带来严峻的数学难题。

左右为难，进退维谷，这就是科学家在面对电子究竟有多小这个问题时的状态。

电子的大小问题，让物理学家和数学家都头疼

丁肇中，美籍华人，祖籍山东省日照市，1976 年获得诺贝尔物理学奖。2016 年，面对记者的提问，丁肇中是这么说的："过去 40 多年，我一直在找电子的半径，最初是 10^{-14} 厘米，现在证明是小于 10^{-17} 厘米，就是说小了 3 个数量级。花了 40 年，小了 3 个数量级，可是还是没有找到电子的半径。"

请注意，丁肇中在说 10^{-17} 厘米，也就是 10^{-19} 米时，并不是说那就是电子的半径，而是说电子的半径小于 10^{-19} 米。至于电子的半径到底是多少，他也不知道。

当然，我们也不知道。

夸克

得益于丁肇中的帮助，我们的无穷小游戏"飙了一下车"，从 10^{-15} 米和 10^{-16} 米的尺度，一下子飙到了 10^{-19} 米的尺度。

接下来，该往何处去？

电子是基本粒子，它并不是由其他未知粒子组成的。那么质子和中子也是基本粒子吗？

不瞒你说，很多年前，科学家第一次发现质子和中子时，也曾认为他们已经找到了基本粒子，因为它们俩已经很小了。

后来，随着科技的进步，科学家建造了大型粒子加速器，通过撞击质子和中子，竟然把它们全都"敲碎"了。你猜，从质子和中子的碎片中，科学家发现了什么？

没错，一种新的粒子——夸克。原来，质子和中子都是由夸克组成的！

夸克家族共有 6 个成员，它们的名字和符号分别是：

上（u）、下（d）、奇（s）、粲（c）、底（b）、顶（t）。

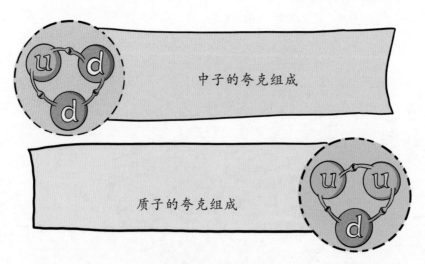

中子的夸克组成

质子的夸克组成

中子是由一个上夸克和两个下夸克组成的。一个上夸克带有 $\frac{2}{3}$ 个正电荷，一个下夸克带有 $\frac{1}{3}$ 个负电荷，刚好正负抵消了，这就是中子不带电的原因。

而质子则由两个上夸克和一个下夸克组成。所以质子的总电荷的计算公式是： $\frac{2}{3} + \frac{2}{3} - \frac{1}{3} = 1$ ，故质子带 1 个正电荷。

说到这里，你可能又要问了，夸克是由什么组成的呢？答案是不知道。

因为夸克被认为是一种基本粒子。

经过各种计算和测量后，科学家认为，夸克是有大小的，它的半径小于 10^{-19} 米。

咦，这不是跟电子一样吗？没错，就是这样的。无论是对于电子还是夸克，科学家目前都还不能测量出其准确的大小，只能给出一个上限，那就是：

电子和夸克的半径小于 10^{-19} 米。至于有多小，可能只有天知道。

这么说来，我们的一只脚其实已经踏入了无穷小世界。在这个世界里，还有比电子、夸克更小的粒子吗？

有！

中微子

对于电子和夸克是否有质量，科学界是完全没有争议的，答案是有质量。

然而，接下来要讨论的这种粒子是否有质量，一直是科学家争论的焦点，它就是中微子。

中微子有 3 种类型，它们都属于基本粒子。中微子无处不在，太阳、地球甚至人体都是中微子源。人体每秒会因为体内钾元素的衰变而产生大约 3 亿个中微子。

而在广袤无垠的宇宙空间，平均每立方厘米大约有 300 个中微子。甚至可以这么说，所有人都活在中微子弥漫的世界里。

1956 年，刚发现中微子时，科学家一致认为，中微子是没有质量的。然而，随着对中微子的研究的深入，现在不少科学家认为中微子是有质量的。但它的质量到底是多少呢?

不清楚,只知道一个电子的质量应该大于 100 万个中微子的质量之和。

电子的半径小于 10^{-19} 米,但 1 个电子的质量竟然大于 100 万个中微子的质量之和。现在,你知道中微子有多小了吧?

知道中微子有多小后,你就能理解它的种种神奇之处了。

中微子的运动速度非常快,穿透力惊人,只要 0.04 秒,它就能穿过地球。其实,别说地球了,它甚至能穿过太阳。太阳的内核每分每秒都在产生大量中微子,这些中微子离开太阳表面后,朝各个方向射向包括地球在内的太阳系,平均每秒就会有上万亿个来自太阳的中微子穿过你的身体。

100万个

没想到我这么重吧!

为什么你对此毫无感觉呢？因为中微子不与你的身体发生相互作用。

1999—2004 年，科学家曾经做过这样的实验：科学家先在一个地方人工发射中微子，当这些中微子穿过 250 千米厚的地层后，成功地被另一个地方的探测器检测到。中微子从发射到被检测到，时间间隔只有短短的 0.00083 秒，并且科学家证实检测到的中微子来自人工发射的那个方向。

但是，人工发射中微子并从另一个遥远的地方检测到这些中微子，这个过程费时费力，而且还费钱。如果未来对中微子的研究获得重大突破，并且人们能以低廉的成本发射中微子，那么中微子说不准还能用来通信呢。

比如，如果人类在月球背面建立了科研站，由于人类从地球上永远都看不到月球背面，向月球发射电磁波信号时，月

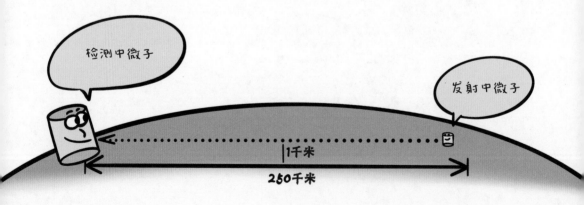

球背面的人类没法接收到。这就是嫦娥四号为什么需要"鹊桥"卫星的帮助，才能成功登陆月球背面。

可是，若使用中微子通信，不管是在月球正面还是在月球背面，人们都能轻松接收到中微子信号。穿过月球，这对中微子来说就是小菜一碟。

作为基本粒子，中微子也是点状粒子，它没有体积，它的大小与你日常所见的物体不同。比如，你的书桌有长、宽、高，中微子却没有"尺寸"。

一直以来，我们人类从未停止过对微观世界的探索。尤其是显微镜出现后，随着观测工具和观测方法的不断进步，微观世界逐渐被无限放大。无论是细菌、病毒，还是原子、电子，抑或是比质子、中子还要小的粒子，它们都代表着不同时期我们人类对微观世界的认知极限。

这就是无穷小！